WESTERN FOOD HANDBOOK

西餐教科书

主厨级的豪华料理

王森◎主编

吉林科学技术出版社

图书在版编目(CIP)数据

西餐教科书 / 王森主编. -- 长春 : 吉林科学技术出版社, 2020.10

ISBN 978-7-5578-6981-6

Ⅰ. ①西… Ⅱ. ①王… Ⅲ. ①西餐－烹饪 Ⅳ. ① TS972.118

中国版本图书馆 CIP 数据核字 (2020) 第 050965 号

西餐教科书

XICAN JIAOKESHU

主　　编　王　森
副 主 编　张婷婷
参编人员　郭小粉　栾绮伟　霍辉燕　向邓一　于　爽
出 版 人　宛　霞
责任编辑　朱　萌　丁　硕
封面设计　吉广控股有限公司
制　　版　吉广控股有限公司
幅面尺寸　167 mm × 235 mm
开　　本　16
印　　张　15.5
字　　数　200 千字
印　　数　1-4000 册
版　　次　2020 年 10 月第 1 版
印　　次　2020 年 10 月第 1 次印刷

出　　版　吉林科学技术出版社
发　　行　吉林科学技术出版社
地　　址　长春市福祉大路 5788 号
邮　　编　130118
发行部电话 / 传真　0431-81629529　81629530　81629531
81629532　81629533　81629534
储运部电话　0431-86059116
编辑部电话　0431-81629518
印　　刷　吉广控股有限公司

书　　号　ISBN 978-7-5578-6981-6
定　　价　49.90 元

前言

Foreword

西餐是国内对于西方国家菜肴的一种简称。西餐餐食品种繁多，制作手法各异。从 20 世纪开始流行在国内的繁华都市中，在多年的流传与改良中，西餐的形式也发生了很多改变。

西餐的制作讲究食物的形色，注重香料的使用和盘式点缀，同时也有相应的就餐礼仪，易营造出浪漫的就餐环境。鲜嫩的兔肉卷、清新的沙拉，是否会让你口舌生津，但是其繁复的制作流程是否也会让你望而却步呢?

就让本书来为你梳理一套化繁为简的制作流程吧。

西餐从菜品处理阶段就特别需要技巧了，分割、雕刻、煎制或者清煮等都是为了后期更完美的呈现，所以本书在前面部分详细介绍了你一定用得到的蔬菜、畜肉和海鲜等常用菜品的处理方式。

本书分为六大部分：菜品处理、酱汁与高汤制作、汤品、蔬菜与小食、主菜、主食。其中前面两部分是基础型制作，简单易操作，蔬菜与小食不但可以作为正餐菜品中的小亮点，也可以作为小零食随时备着。主菜制作流程较多，可根据实际酌情调整。大部分菜肴属于创意菜肴，创新的食材搭配等着你去尝试。最后是主食，可作为套餐随意搭配，也可单独制作。

西餐的制作与品尝不只限于西餐厅内，用些常见的工具，跟着书中的流程，在家中做一顿浪漫的西餐吧。

目录

工具介绍

菜品处理

酱汁与高汤制作

汤品

蔬菜与小食

主菜

主食

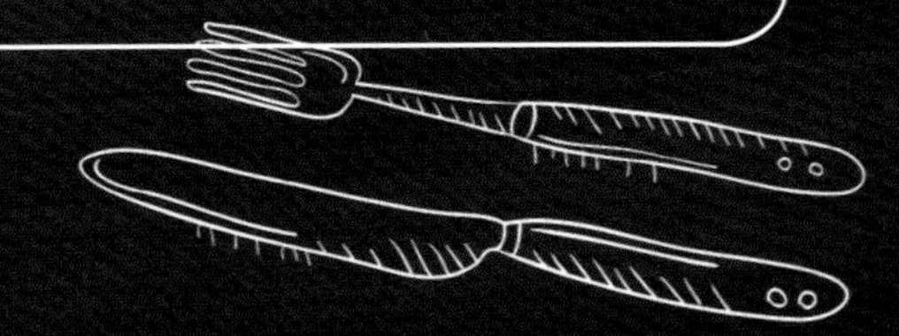

工具介绍 Tools

不粘锅：锅内有一层不粘涂层，在烹饪过程中起到防粘作用，在使用时要注意保护不粘涂层。

煮锅：主要用于熬制一些大块的骨头、高汤等。

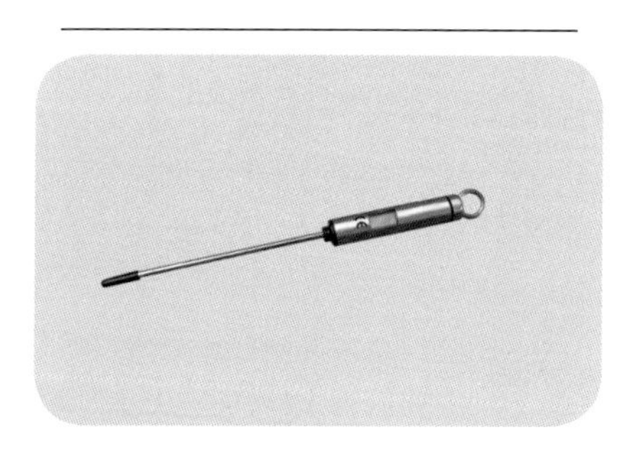

温度计：用于测量温度，不同种类的温度计有不同的测量范围，可根据需要选择。

汤勺：有较长的柄，熬煮高汤时使用。

夹子：在烹饪较热的食物时，可以用于夹起食物。也可以用于食材的夹取，方便、卫生。

introduction

汤锅 / 牛奶锅：尺寸较小，使用方便，常用于煮汤、牛奶和面食。

量杯：表面标有刻度线的杯子，在称量液体食材时使用。

柠檬汁萃取器：用于萃取柠檬汁，同样也适用于其他果实的果汁萃取。

木铲：烹饪时用作搅拌食材，质地结实，不易导热及破坏其他器具的表面。

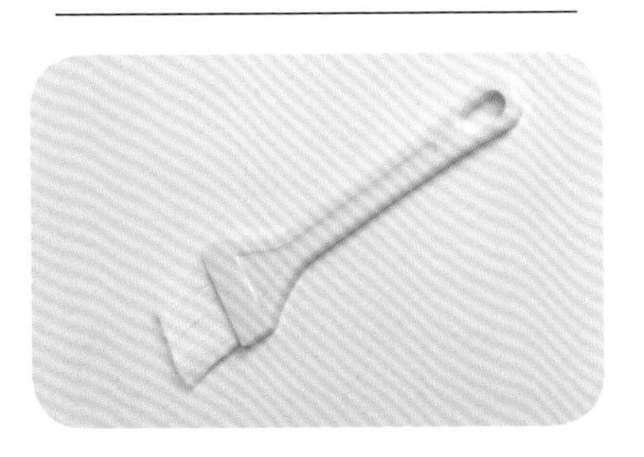

毛刷：手柄呈圆形或扁圆形，头部毛刷由猪鬃或是塑料材质制作而成，用于给食物或工具表面刷油脂类或蛋液。

硅胶刮刀：硅胶制品，常用于酱料的搅拌。

工具介绍 Tools

擀面杖：圆柱形，主要用于面皮的擀制。

夹子：主要用于夹取各种食材。

削皮刀：主要用于除去水果及蔬菜外皮。

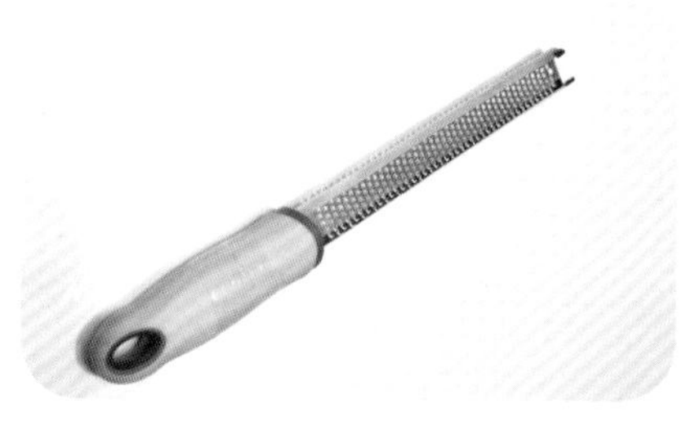

擦丝器：主要用于将食材表皮擦成屑，西餐中经常会用此取柠檬皮屑。

芝士卷刨刀：主要用于芝士刨卷。

压蒜器：主要用于压蒜蓉。

introduction

肉锤：主要用于敲拍肉类食材，将肉类内部筋骨敲断，肉质变嫩，口感更佳且更容易造型。

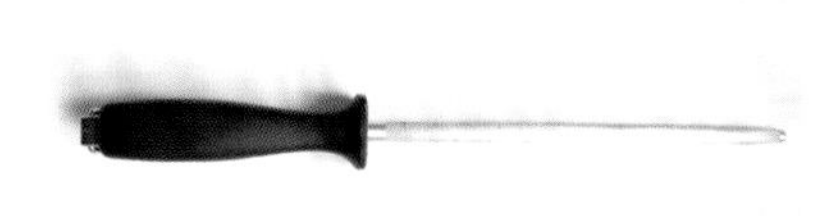

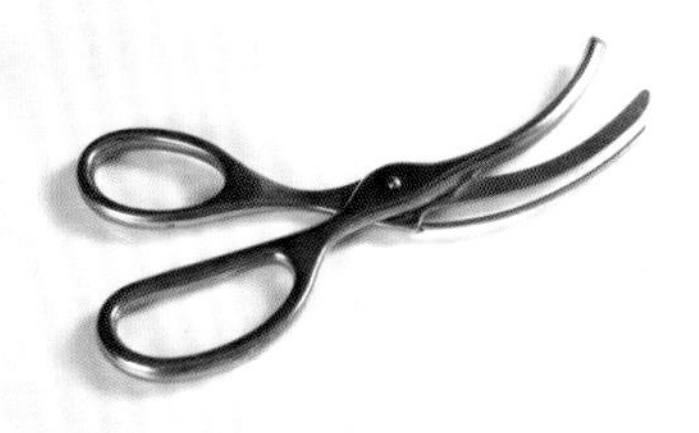

磨刀棒：细长形，主要用于摩擦刀具使刀刃变得更加锋利。

虾剪：弧形设计，主要用于剪虾须、虾身。

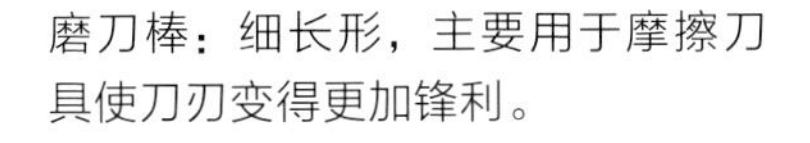

小贴士

本部分所介绍的工具只是西餐制作常用工具的一部分，还有如香蕉切片器、鱼子生成器、糖度计等器具用到的比较少，在这里不做过多的介绍。

菜品处理

Food preparation

彩椒去皮

处理步骤

1. 将彩椒放入烤箱中，用中低温烘烤至表皮稍稍变色，取出，放入冰水中降温。

2. 待彩椒表面褶皱明显，或外皮自动脱落时，将外皮轻轻撕去。

分割花菜

处理步骤

1. 准备好所需的花菜。

2. 将外层叶子去除掉。

3. 用刀从花菜梗处切割。

4. 将花菜装入碗中备用。

番茄去皮

处理步骤

1. 用刀在番茄表面切“十字口”。

2. “十字口”朝下，将番茄放入水中。

3. 加热，煮至番茄皮泡开。

4. 取出番茄，用手轻轻撕去表皮即可。

番茄去芯

处理步骤

1. 用刀将番茄从中间一切为二。

2. 斜切去除根部。

3. 将每瓣番茄再竖切成三瓣，用刀去除内芯。

茄子去皮

处理步骤

1. 将削皮刀从茄子一端往另一端划过。

2. 直至茄皮去除干净。

西芹去皮

处理步骤

1. 准备新鲜西芹。

2. 用削皮刀轻轻削去西芹外皮。

3. 将西芹切断，备用。

芦笋去皮、去根

处理步骤

1. 挑选新鲜的芦笋。

2. 用刀将芦笋尖端削齐。

3. 用削皮刀削去芦笋外皮。

4. 将芦笋根部切断，备用。

洋蓟去皮、去根

处理步骤

1. 挑选一颗新鲜的洋蓟。

2. 用手将外皮撕去。

3. 用刀切除洋蓟的根部。

4. 将外皮与根部修整干净。

5. 修整后备用。

鹅肝去血管

处理步骤

1. 将鹅肝放在砧板上。

2. 将鹅肝不光滑的一面朝上，用刀以“八”字形划开两刀，不切断。

3. 用刀轻轻挑出血管，用手指慢慢拉出血管，并依次将鹅肝中的血管尽数挑出。

4. 将鹅肝合起，包上保鲜膜，视情况冷冻或冷藏保存。

羊排去骨

处理步骤

1. 将羊排放在砧板上。

2. 竖起羊排，用刀沿着羊排中的每两骨之间的骨骼纹路，从上至下分割羊排。

3. 将全部羊排分割完全。

4. 用刀将每根羊排的骨头尾端剔除掉筋膜，剔除长度约 5~6 厘米。

5. 将全部羊排都整理完成。

2.
膜

腌制猪肉丝

处理步骤

1. 准备好盐、黑胡椒碎、橄榄油和猪肉丝。

2. 将猪肉丝放入碗中，撒上盐和黑胡椒碎。

3. 淋上橄榄油，搅拌均匀。

4. 将猪肉丝放置一旁，腌制适当的时间即可。

tips：此方法适用于猪肉末腌制。

扇贝去壳

处理步骤

1. 用刀拨开肉与壳之间的相连部位，观察相连点。

2. 沿着相连处用刀将肉与壳分离。

3. 至完全分离。

4. 放置一旁备用。

鱼去皮

（使用鲈鱼示范）

处理步骤

1. 用刀将鱼的尾部切去鱼肉，留鱼皮。

2. 捏取尾部鱼皮，拉直。用刀斜插入鱼肉与鱼皮之间，沿着鱼皮片出鱼肉。

明虾去壳

处理步骤

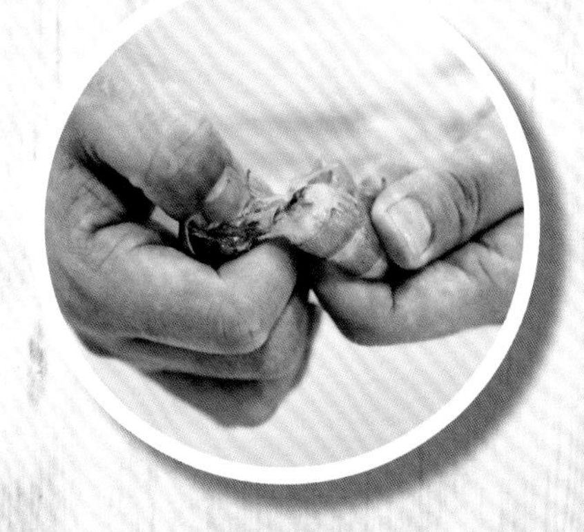

1. 用手将明虾沿着头胸部与腹部的交界线分开。

2. 剥开虾腹部外壳。

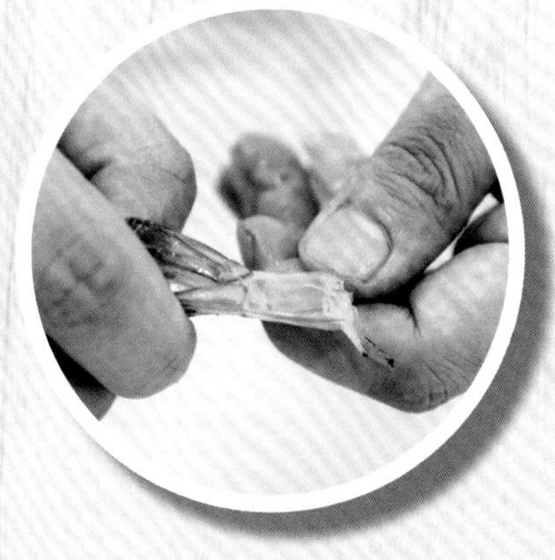

3. 去除虾的尾节。

明虾
去虾线

处理步骤

1. 取去壳的明虾，用小牙签穿过虾肉。

2. 挑出虾线。

龙虾分割

处理步骤

1. 将龙虾清洗干净，放在砧板上。

2. 用刀将龙虾沿着头胸部与腹部的交界线分开。

3. 在龙虾的腹部插入竹签（这样可以保证肉在煮制时，不会弯曲）。

4. 将两个钳子分别分割出来。

龙虾钳部去壳

处理步骤

1. 取下龙虾的一对虾钳，分割。

2. 用刀划开其中 1 个钳。

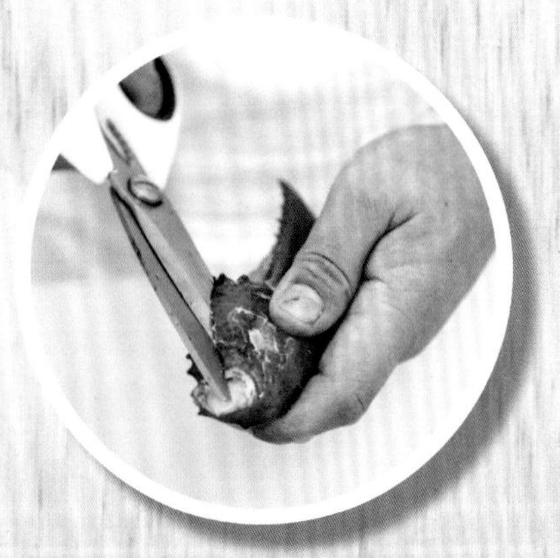

3. 用剪刀剪开虾壳。

4. 取出虾钳肉。

龙虾腹部去壳

处理步骤

1. 用剪刀顺着虾腹部至虾尾的中线剪开外壳。

2. 用手轻轻掰开。

3. 轻轻取出虾肉。

4. 保留虾尾。

酱汁与高汤制作

Make sauce and soup-stock

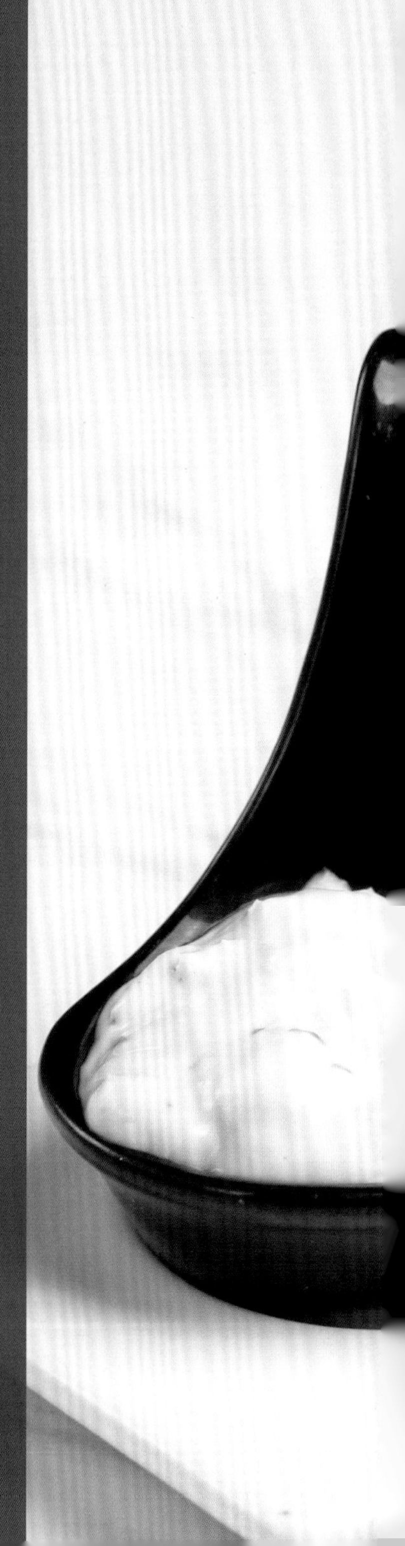

番茄酱

食材

洋葱	适量
罗勒叶	适量
大蒜	适量
番茄	适量
番茄酱	适量
意大利去皮番茄罐头	适量
盐	适量
橄榄油	适量
黑胡椒碎	适量

制作过程

1
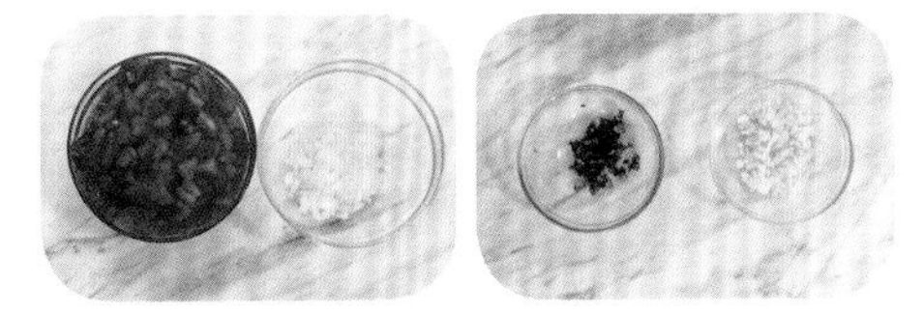

将番茄切丁；洋葱切粒；大蒜、罗勒叶切末，备用。

2
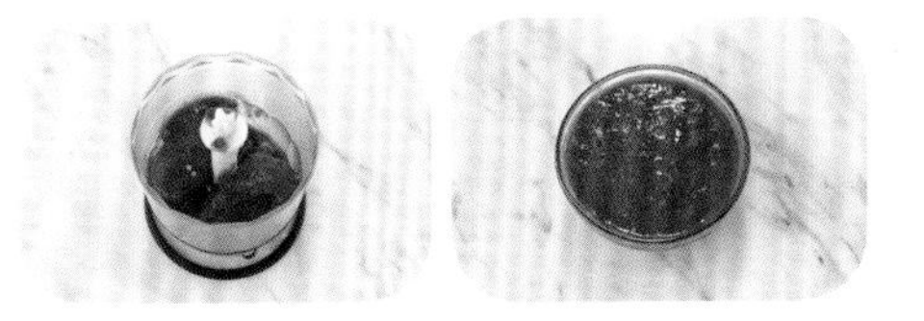

将意大利去皮番茄罐头放入料理机中，搅打成细腻的泥状，备用。

3

在锅中加入橄榄油，放入洋葱粒、蒜末，加热炒香。

4

加入一勺番茄酱，翻炒均匀。

5

加入一部分番茄丁，翻炒均匀后再加入剩余的番茄丁炒均匀。

6

加入备用的番茄泥，继续翻炒均匀。

7

加入水，小火熬制 1~2 小时，完成后，关火，倒入另一盛器中，放入罗勒叶末。

8

加入盐、黑胡椒碎，搅拌均匀即可。

彩椒酱汁

食材

彩椒	2 个
大蒜	1 瓣
盐	适量
黑胡椒碎	适量
橄榄油	适量

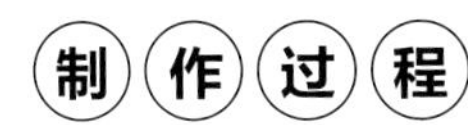

制作过程

1. 

   将烘烤好的彩椒去皮、去籽（详情见 P12）。

2. 

   将彩椒分别放入料理机中，并加入大蒜。

3. 

   加入橄榄油。

4. 

   搅打成泥状即可。

5. 

   加入盐。

6. 

   加入黑胡椒碎。

7. 

   搅拌均匀即可。

菠菜汁

食材

菠菜	适量
冰水	适量

制作过程

1

将菠菜清洗干净，放在砧板上备用。

2

将菠菜放入热水中，烫熟。

3

取出菠菜，放入冰水中。

4

冰镇一段时间。

5

取出菠菜，并控干水分。

6

将菠菜放入料理机中。

7

开始搅打至呈泥状。

8

完成后，过滤出菠菜汁即可。

蛋黄酱

食材

鸡蛋	2个
柠檬汁	30克
橄榄油	100克
黄芥末（可不加）	10克
盐	适量
糖	10克
白醋	10克

制作过程

1

将鸡蛋的蛋黄与蛋清分离，留蛋黄备用。

2

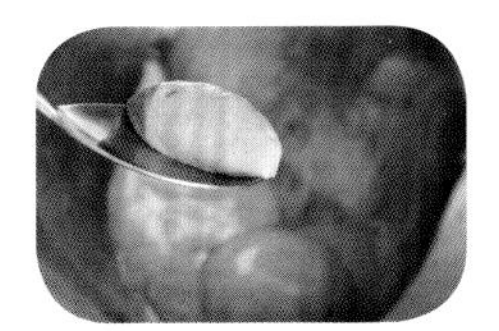

在蛋黄中分次加入黄芥末，用手持打蛋器开始进行搅拌。

3

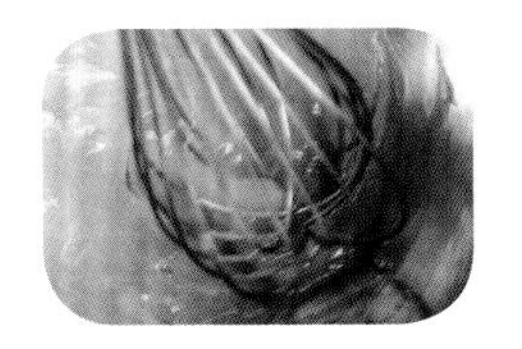

边搅拌，边分次加入橄榄油，搅拌至呈流体状。

4

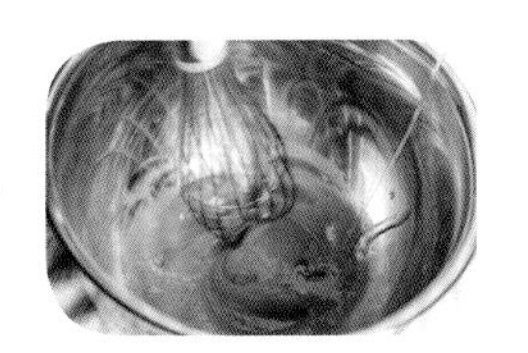

加入柠檬汁，搅拌均匀。

5

搅拌至整体呈浓稠状。

6

加入盐、糖、白醋进行调味，搅拌均匀即可。

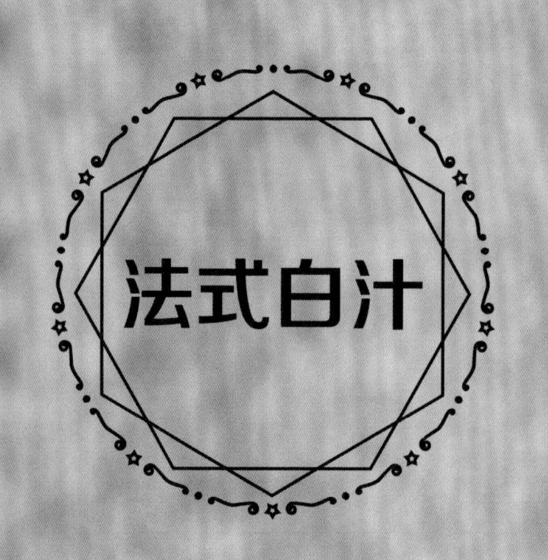
法式白汁

食材

低筋面粉	15 克
黄油	15 克
牛奶	250 毫升
盐	适量

1

将牛奶倒入锅中，边加热边用手持打蛋器搅拌（防止煳锅），煮至沸腾，离火备用。

2

另取一锅，将黄油放入锅中，开小火低温将其熔化。

3

黄油完全熔化后，关火，加入低筋面粉，搅拌均匀，小火将面粉炒至出香味。

4

将“步骤 1”分次加入“步骤 3”中，边小火加热，边用硅胶刮刀搅拌，煮至浓稠。

5

加入盐，进行调味即可。

凯撒酱

食材

洋葱	1 个
大蒜	1 瓣
水瓜柳	适量
银鱼柳	1 片
沙拉酱	50 克
柠檬汁	适量
香菜叶	适量
喼汁	适量

制作过程

1

将洋葱、大蒜、水瓜柳、银鱼柳切碎；香菜叶切末，备用。

2

将“步骤 1”放入沙拉酱中，用勺子搅拌均匀。

3

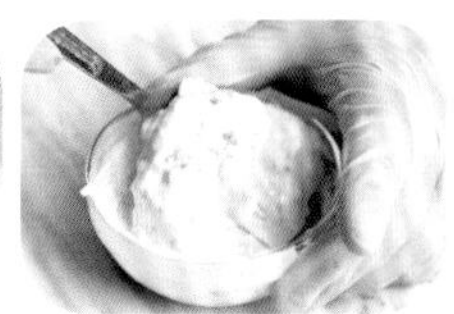

加入喼汁，搅拌均匀。

4

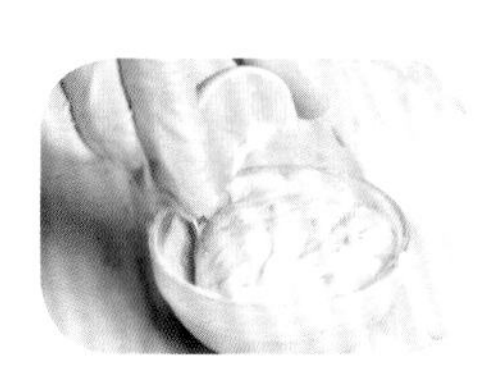

挤入柠檬汁，搅拌均匀即可。

罗勒酱

食材

罗勒叶	适量
松子仁	适量
橄榄油	适量
帕玛森芝士碎	适量
盐	适量
大蒜	适量
冰水	适量

制作过程

1

将罗勒叶放入沸水中，烫约 2~4 秒。

2

捞出罗勒叶，过冰水。

3

捞出罗勒叶，将水分挤出，放入料理机中。

4

将大蒜切成片，放入料理机中。

5
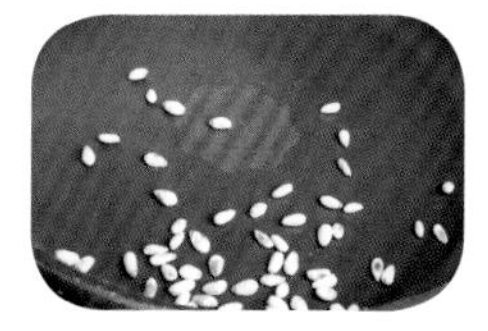
将松子仁放入炒锅中，干炒至上色、出香味。

6

将松子仁放入料理机中。

7

料理机中加入橄榄油。

8

开始进行搅打（在搅打过程中，可用橄榄油调节酱汁的浓稠度），搅打成泥状。

9

加入帕玛森芝士碎、盐，用勺子搅拌均匀即可。

牛油果酱

食材

牛油果	适量
牛奶	适量
盐	适量
柠檬汁	适量

制作过程

1

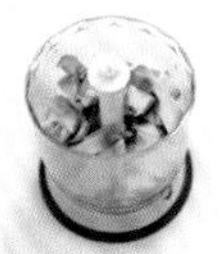

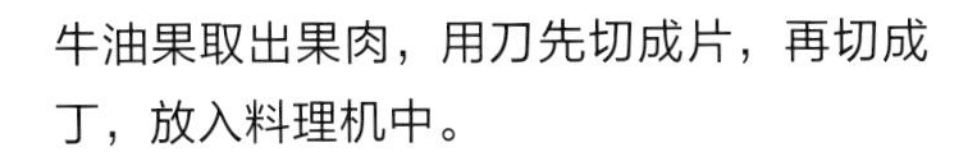

牛油果取出果肉，用刀先切成片，再切成丁，放入料理机中。

2

加入盐。

3

加入牛奶。

4

挤入柠檬汁。

5

开启料理机，将食材搅拌成泥状（可用牛奶调节酱汁的浓稠度），用勺子将酱刮到碗中即可。

千岛酱

食材

腌黄瓜片	3 片
黑橄榄	1 个
熟鸡蛋	半个
洋葱	1 个
番茄酱	1 勺
沙拉酱	50 克
白兰地	适量
柠檬汁	适量
香菜叶	适量

制作过程

1

将熟鸡蛋、腌黄瓜片、洋葱、黑橄榄切碎；香菜叶切末。

2

将“步骤 1”放入沙拉酱中，用勺子搅拌均匀。

3

加入番茄酱、白兰地，用勺子搅拌均匀。

4

挤入柠檬汁，搅拌均匀即可。

美食手账

油醋汁

食材

醋	适量
橄榄油	适量
盐	适量

制作过程

1. 将醋、橄榄油倒入盆中。

2. 用手持打蛋器搅拌均匀。

3. 加入盐进行调味即可。

美食手账

黑椒汁

食材

牛骨汁	80 ~ 100 克
黄油	适量
黑胡椒碎	适量
白兰地	适量
洋葱末	适量
盐	适量

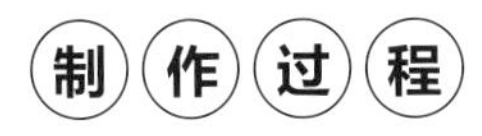

1

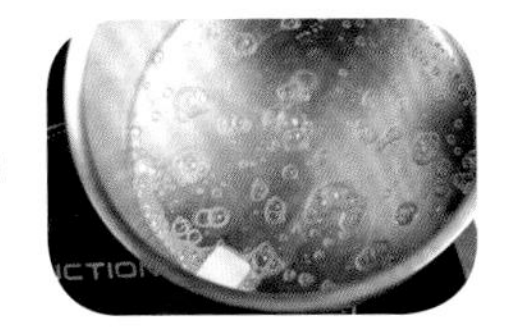

将黄油放入锅中，低温熔化。

2

放入洋葱末，炒至上色。

3

加入黑胡椒碎，炒香。

4

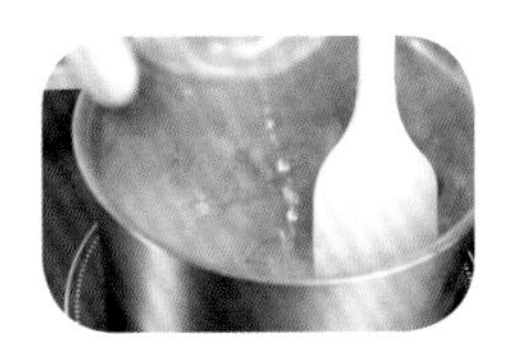

加入白兰地，收汁煮至浓稠。

5

加入牛骨汁，继续煮至浓稠。

6

加入黄油，快速搅拌至溶化。

7

加入盐，进行调味即可。

备注：趁热使用。

红酒汁

牛骨汁	80 ~ 100 克
洋葱末	适量
黄油	适量
黑胡椒碎	适量
红酒	适量
盐	适量
细砂糖	适量

1
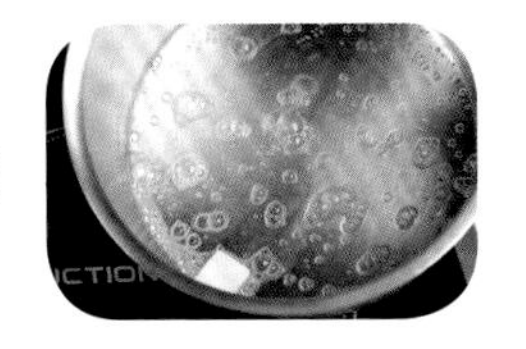
将黄油放入锅中，开小火低温熔化。

2

放入洋葱末，炒至上色。

3

加入红酒和牛骨汁，搅拌均匀；加入盐，进行调味。

4

加入黑胡椒碎，进行调味。

5

加入细砂糖，进行调味。

6

加入黄油，快速搅拌至溶化，增加香味即可。

备注：趁热使用。

匈牙利酱汁

鸭高汤	200 毫升
匈牙利红椒粉	3 小匙
鲜奶油	100 毫升
盐	1/2 小匙
白胡椒粉	1/2 小匙

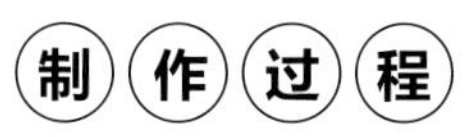

1

热锅加入鸭高汤熬煮。

2
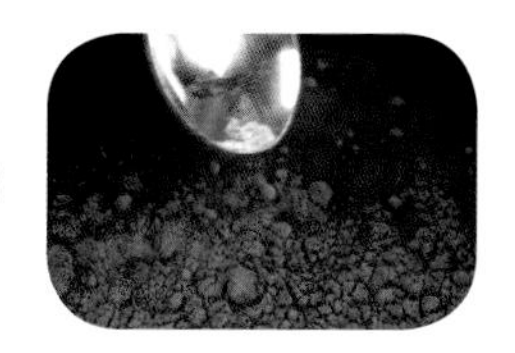
加入匈牙利红椒粉慢煮。

3
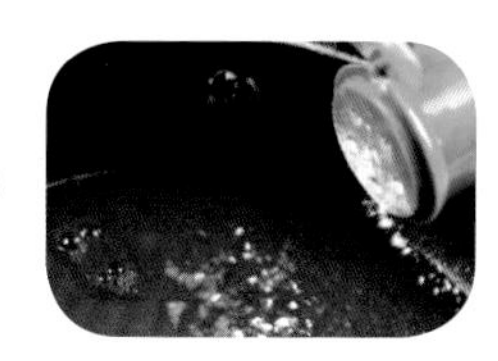
加入鲜奶油、白胡椒粉调味。

4
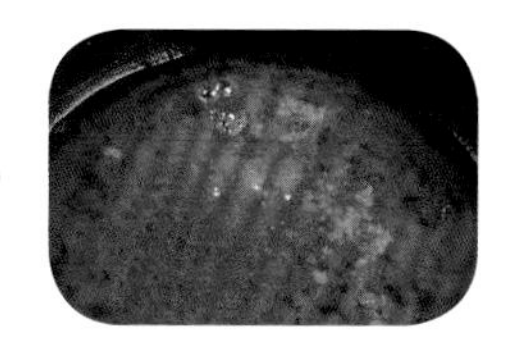
加入盐调味，煮匀即可。

鸭高汤

食材

鸭骨架	适量
洋葱	适量
大葱	适量
大蒜	适量
胡萝卜	适量
橄榄油	适量
盐	适量

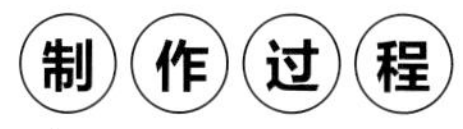

1

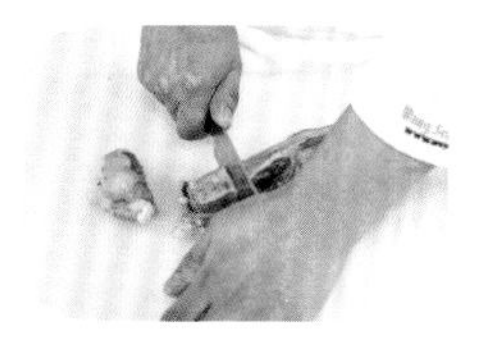

用刀将鸭骨架切成块状。

2

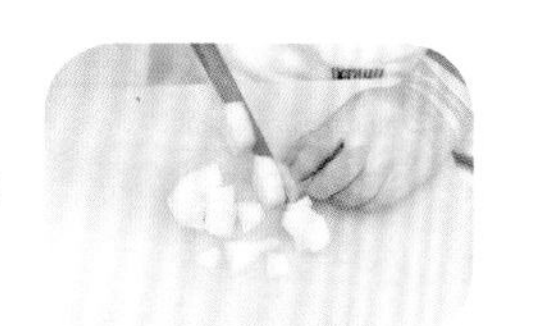

将洋葱和大葱纵向切成 4 厘米左右的块状。

3

将胡萝卜先切段，再切成 2 厘米左右的丁状。

4

在锅中放适量橄榄油，将鸭骨架两面煎至上色。

5

放入洋葱块、大葱块、大蒜和胡萝卜丁，炒至变软上色。

6

加水没过食材，熬煮 2 小时，其间可用勺子撇去浮沫。

7

在网筛中放 2 张厨房纸，将“步骤 6”进行过滤，在过滤好的汤汁中加入适量盐，进行调味。

棕色牛高汤

食材

牛筋肉	适量
橄榄油	适量
胡萝卜	适量
洋葱	适量
西芹	适量
红酒	适量
番茄酱	适量
盐	适量

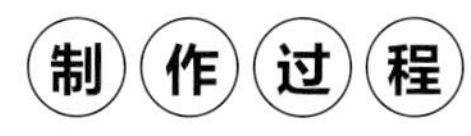

制作过程

1

将牛筋肉切成大约 4 厘米的块状，放在烤盘上，淋上适量橄榄油，备用。

2

将胡萝卜、洋葱和西芹先去皮、去根，再纵向切段，最后横向切成大约 1 厘米的块状。

3

将块状蔬菜放在烤盘上，淋上适量橄榄油。

4

在蔬菜中拌入适量的番茄酱。

5

将“步骤 1”和“步骤 4”放入 200℃烤箱中，烘烤 20 分钟左右。

6

烤好后，出炉，待凉。

7

将烤好的牛肉和蔬菜放入锅中。

8

根据需要加入水，熬煮 7 ～ 8 小时。

9

离火，将汤汁过滤。

10

将过滤的汤汁重新放入锅中，加入红酒、盐，并用勺子不停地搅拌，待汤汁变得浓稠即可。

牛清汤

食材

牛肉	适量
洋葱	适量
胡萝卜	适量
西芹	适量
鸡蛋	适量
百里香	适量
冰块	适量
盐	适量

制作过程

1

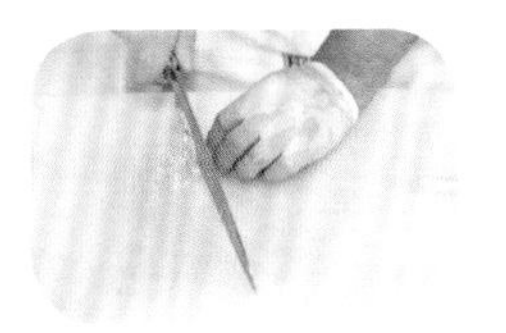

用刀将西芹去头去尾，并去除其外皮，再切成丁状。

2

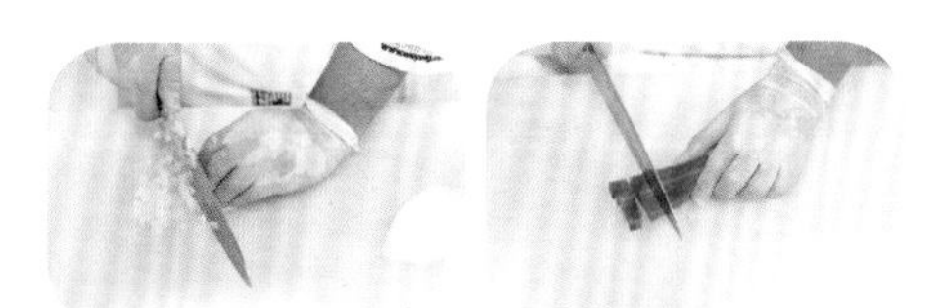

将洋葱去皮，先用刀纵向切两刀，再横向切一刀，然后将其切成末；胡萝卜先切片，再切丝最后切成丁。

3

用刀先去除牛肉中多余的筋，再将牛肉切成丁。

4

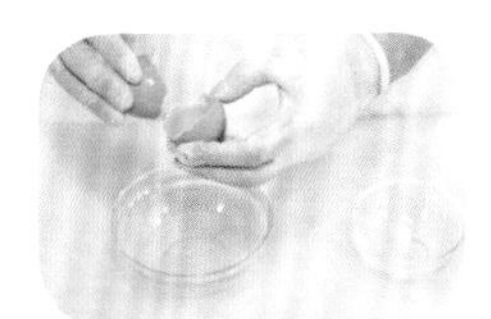

取出鸡蛋中的蛋清，加入百里香，搅拌均匀。

5

将蔬菜与牛肉丁混合。

6

将蛋清和百里香倒入“步骤 5”中，搅拌均匀。

7

在锅中加入水和冰块，待冰块融化后，将调制好的牛肉丁整体放入锅中，注意不可搅拌牛肉丁（冬天不需要加冰，电磁炉的功率控制在小火范围）。

8

用勺子撇去浮沫，加入盐调味 , 将汤熬煮 2 小时左右。

9

离火，在网筛中放 2 张厨房纸，将牛清汤进行过滤。

白色鸡高汤

食材

鸡骨架	200 克
洋葱	50 克
大葱	50 克
胡萝卜	50 克
百里香	1 克
盐	适量

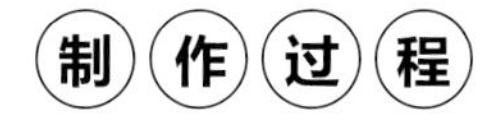

制作过程

1

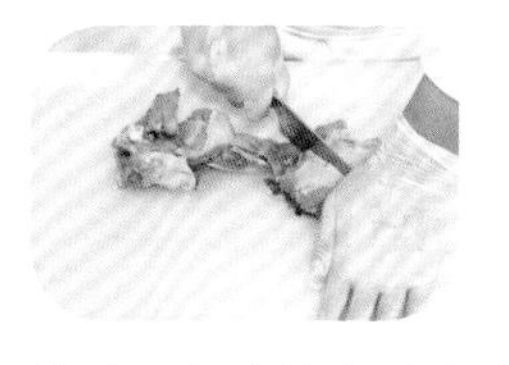

将鸡骨架中的内脏去除，用刀将鸡骨架切成块状。

2

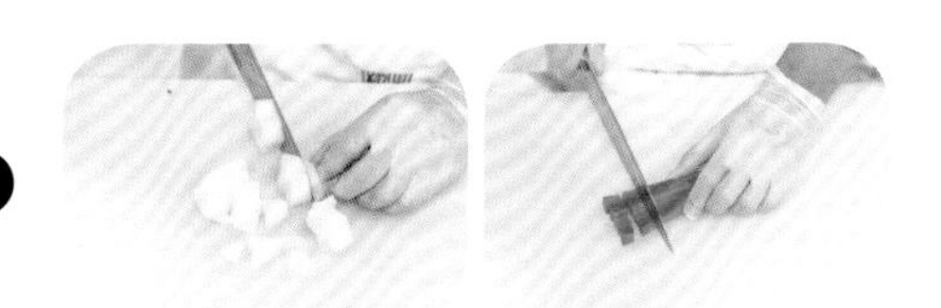

将洋葱和大葱纵向切成 4 厘米左右的块状；胡萝卜先切段，再切成 2 厘米左右的丁状。

3

将鸡骨架、洋葱块、大葱块和胡萝卜丁放入锅中。

4

加入大量的水，放入百里香、盐；用勺子撇去浮沫，将汤汁熬煮 2 小时，离火。

5

在网筛中放 2 张厨房纸，将鸡高汤进行过滤即可。

鸡清汤

鸡胸肉	适量
洋葱	适量
胡萝卜	适量
鸡蛋	适量
百里香	适量
冰块	适量
盐	适量

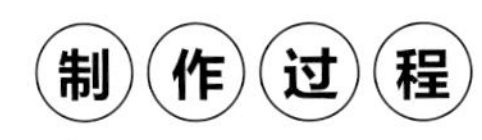

1

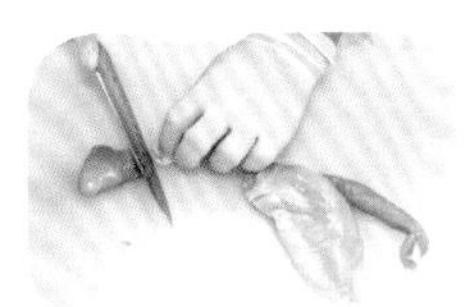

用刀将鸡胸肉上的皮脂和油脂去除。

2

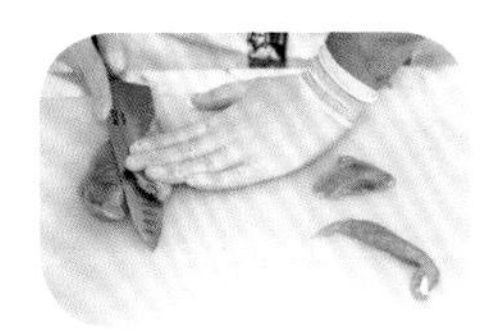

将刀口呈 45° 放在鸡胸肉片上，纵向切丝。

3

将洋葱去皮，先用刀纵向切两刀，再横向切一刀，将其切末。

4

胡萝卜切成丁。

5

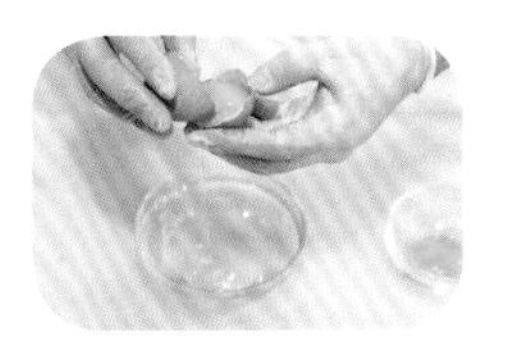

取 1 个鸡蛋，取出蛋清备用。

6

将蔬菜丁和鸡肉丝混合，再加入蛋清和百里香，搅拌均匀。

7

在锅中加入水和冰块，加热至冰块融化后，将调配好的鸡肉丝放入锅中，不可搅拌（冬天不需要加冰，电磁炉保持在小火）。

8

用勺子撇去浮沫，将汤熬煮 2 小时左右。

9

在网筛中放 2 张厨房纸，将鸡清汤进行过滤，过滤好的汤汁用适量盐进行调味。

汤品

Soup

橙味胡萝卜浓汤

食材

胡萝卜	200 克
橙子	150 克
牛奶	80 克
浓缩橙汁	10 克
洋葱	30 克
黄油	10 克
帕玛森芝士	5 克
橄榄油	适量
盐	适量

制作过程

1 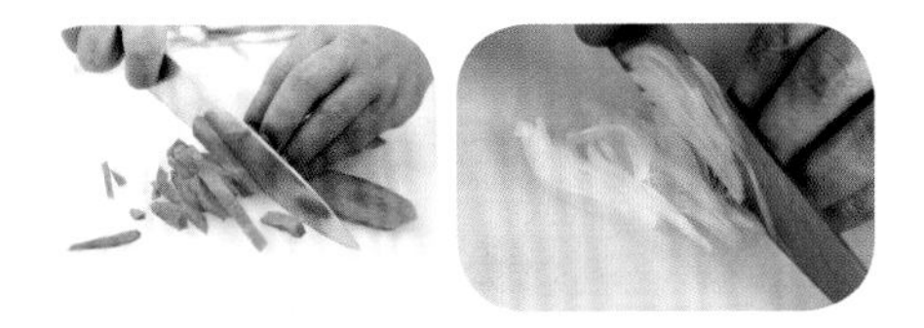

将胡萝卜洗净，去皮，切条；洋葱切丝，备用。

2 

将橙子去皮，橙皮备用；果肉榨成汁备用。

3 

热锅放入橄榄油，加入洋葱丝中火炒香，继续加入胡萝卜条翻炒均匀。

4 

加入适量水，水要漫过胡萝卜条，再加入橙皮和橙汁。

5 

加热至沸腾后，转小火慢煮 40 分钟左右，至胡萝卜条变软，加入牛奶、盐、黄油、浓缩橙汁、帕玛森芝士，进行基础调味。离火。

6 

倒入料理机中，打碎成浓汤（浓稠度可以用开水调节），装盘即可。

法式
洋葱汤

食材

洋葱	200 克
橄榄油	50 克
鸡高汤	300 克
香叶	0.5 克
百里香	0.5 克
盐	适量
面包	30 克
马苏里拉芝士碎	10 克

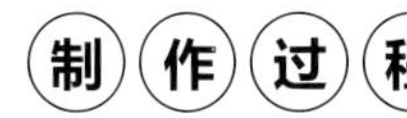

制作过程

一、洋葱汤

1. 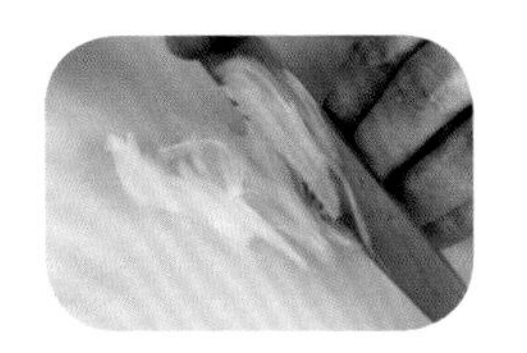

将洋葱切成细丝状，备用。

2. 

热锅放入橄榄油，再放入洋葱丝炒香。

3. 

小火慢慢把洋葱丝炒成金黄色。

4. 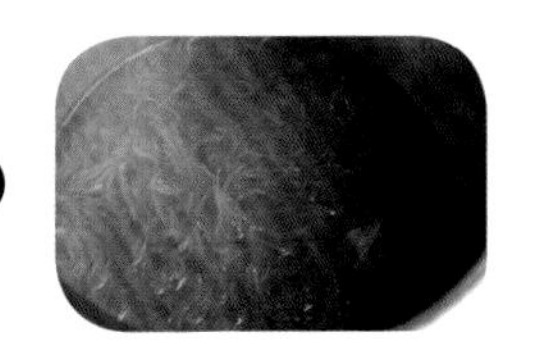

将炒好的洋葱丝加入鸡高汤中，熬煮 30 分钟，放入香叶、百里香和盐调味。

二、面包

1. 

将面包切片，在表面撒马苏里拉芝士碎。

2. 

放入烤箱中，以 180℃烘烤 2 分钟左右取出，和洋葱汤一起装盘即可。

匈牙利牛肉汤

食材	用量
牛肉	70 克
黄圆椒	25 克
红圆椒	25 克
洋葱	50 克
土豆	60 克
番茄膏	20 克
百里香	1 克
卷心菜	30 克
红酒	10 克
橄榄油	20 克
甜椒粉	3 克
红椒粉	适量
盐	适量

1. 

将牛肉、蔬菜洗净，切小丁，备用。

2. 

热锅，加橄榄油，放入洋葱丁炒香，加入牛肉丁炒干，再喷红酒收汁。

3. 

加入其他蔬菜丁、番茄膏，炒至蔬菜丁熟透。

4. 

倒入水、百里香，将蔬菜丁炖烂，加入盐、红椒粉、甜椒粉调味，装碗即可。

1. 牛肉和蔬菜的丁要大小一致，口感更佳。
2. 食材不要炒制过度。

马赛鱼汤

食材

龙利鱼	1 条
海鲈鱼	1 条
三文鱼肉	适量
小杂鱼	700 克
圣女果	适量
土豆	1 个
茴香根	1 个
洋葱	1 个
番茄块	适量
大蒜	适量
藏红花	适量
百里香	适量
香叶	适量
橄榄油	适量
罗勒叶	适量
盐	适量
黑胡椒碎	适量

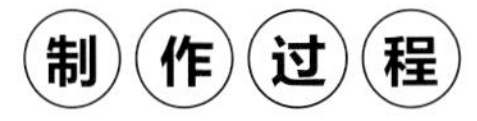

制作过程

一、鱼汤制作

1

将洋葱、茴香根切块；鱼去除苦胆。

2

在锅中放入橄榄油，放入洋葱块、茴香根块，炒香。

3

在“步骤 2”中放入小杂鱼，放入百里香、香叶、番茄块炒香，加入盐、黑胡椒碎调味。

4

加入水（没过食材的量），加入适量藏红花进行煮制，小火煮约 1 小时。

5

将煮好的“步骤 4”过滤，用均质机将过滤后的食材打至成泥。

6

将“步骤 5”倒入网筛中，用勺子按压，使其汤汁完全过滤。

二、大蒜油制作

1

将大蒜放入锅中，倒入橄榄油，煮至沸腾，离火。

2

在“步骤 1”中加入百里香，放置常温即可。

4

在高盆中刷一层大蒜油，摆放“步骤 3”，表面再刷一层大蒜油。

5

将煮好的鱼汤倒入“步骤 4”中，使其烫熟鱼肉。

三、鱼肉处理

1

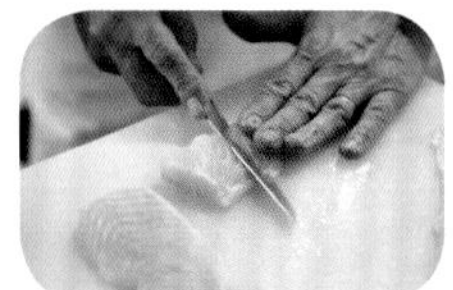

将龙利鱼、三文鱼肉切片。

2

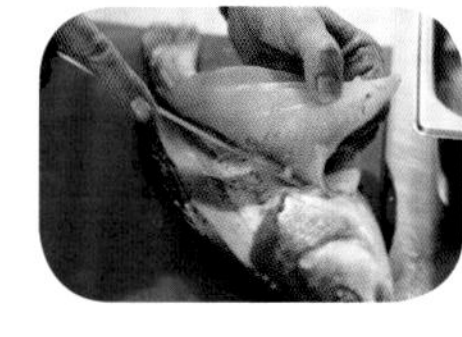
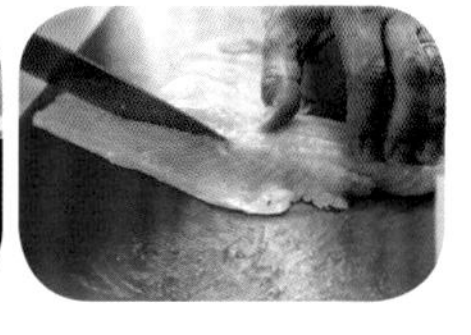

取海鲈鱼腹部鱼肉，切片。

3

在“步骤 1”“步骤 2”的表面撒盐、黑胡椒碎，调味。

四、圣女果加工

将圣女果放入烤盘中，加入橄榄油、盐、黑胡椒碎，放入风炉中，以 120℃烘烤 10 ~ 15 分钟。

五、土豆加工

1

将土豆放在切片器上，削出薄片，切丁。

2

放入锅中，加入水、盐、藏红花进行煮制。

3

将煮好的“步骤 2”过滤，备用。

六、装盘

1

在盘中放入圣女果、土豆。

2

顶部放上鱼肉，淋上鱼汤、少量大蒜油，放罗勒叶装饰即可。

美食手账

奶油蘑菇汤

食材

法式白汁	500 毫升
蘑菇	200 克
洋葱	30 克
鸡高汤	150 毫升
橄榄油	适量
低筋面粉	适量
白酒	2 小勺
淡奶油	2 小勺
黄油	20 克

制作过程

1 

将蘑菇切成片。

2 

将洋葱切碎。

3 

起锅放入黄油烧至熔化，炒热低筋面粉。

4 

放入淡奶油搅拌至浓稠，完成基本白酱，备用。

5 

另热 1 个锅，加入橄榄油，炒香洋葱碎和蘑菇片。

6 

加入基本白酱，加入白酒、鸡高汤，再加入法式白汁。

7 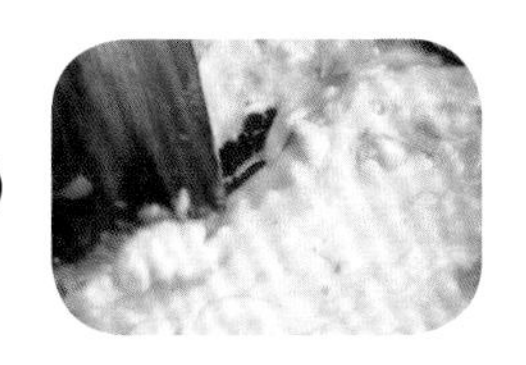

煮至浓稠，装盘即可。

蔬菜与小食

Vegetables and snacks

煎制
白蘑菇

食材

橄榄油	20 克
白蘑菇	7~8 个
盐	适量
黑胡椒碎	适量

制作过程

1

起锅，放入橄榄油加热，放入白蘑菇。

2

将蘑菇煎至两面上色（金黄色）。

3

撒上盐，黑胡椒碎，用手臂的力量翻动锅，晃动均匀，即可出锅、摆盘。

美食手账

蛋卷

鸡蛋	2个
彩椒	适量
盐	适量
橄榄油	适量
马苏里拉芝士	适量

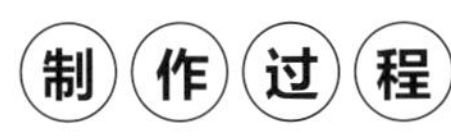

1 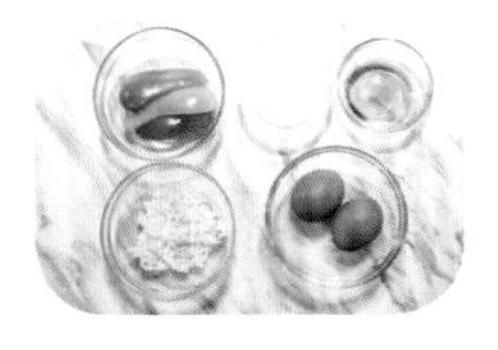

将彩椒切丁；马苏里拉芝士切碎，备用。

2 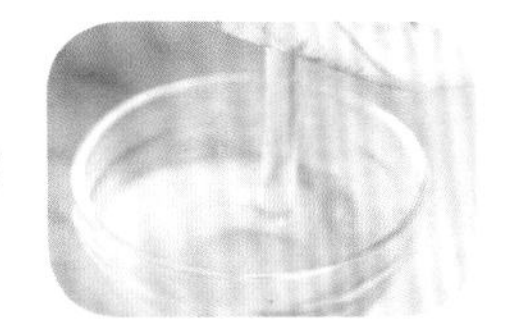

将鸡蛋打入碗中，加入适量的盐，搅拌均匀。

3 

热锅，加入橄榄油烧至微热，加入彩椒丁，稍微炒制后取出。

4 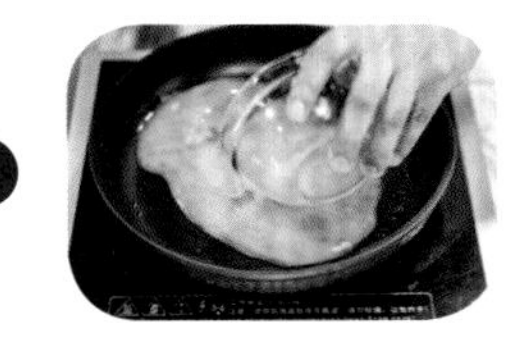

热锅，加入橄榄油，并晃动锅至油能均匀地铺在锅底，烧热后倒入蛋液。

5 

开中火，中间部分使用硅胶软刮刀戳破，再将蛋液聚集到中间位置。这样操作可以使蛋皮中间的位置比较厚，裹上内馅后，不容易破损。

6 

将炒制好的彩椒丁倒入蛋皮中间部位。

7 

将马苏里拉芝士也倒入中间部位，注意要呈直线铺开。

8  

使用硅胶软刮刀，先挑起蛋皮的边缘部位，慢慢向中间部位卷至蛋皮另一边，出锅时接口朝上，取出后摆盘即可。

1. 馅料不要炒制过度。
2. 蛋皮本身有咸度，炒制馅料的时候，不需要再额外加盐。
3. 蛋皮中间一定要厚一些。

煎茄子

食材

茄子	1个
橄榄油	20克
盐	适量
黑胡椒碎	适量

制作过程

1

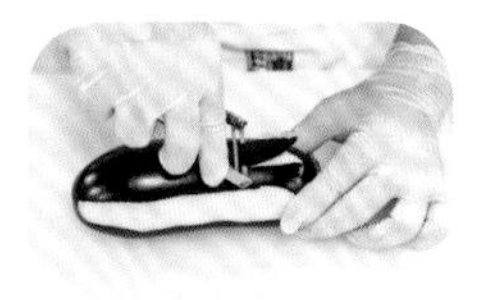

将茄子去皮后切成片。

2

将锅加热，放入橄榄油，稍热后，将茄子片放在平底锅中，煎至两面上色。

3

撒盐、黑胡椒碎调味即可装盘。

糖衣小洋葱

黄油	20 克
细砂糖	适量
小洋葱	适量
鸡汤	适量

1

在锅中加入黄油，用低温加热至熔化。

2

加入细砂糖，搅拌均匀。

3

加热熬至呈焦糖色。

4

离火，加入小洋葱，加入鸡汤搅拌均匀。

5

收汁，出锅，取出小洋葱，摆盘时淋上锅中剩余的汁即可。

美食手账

魔鬼鸡蛋

食材

熟鸡蛋	2个
青圆椒	适量
红圆椒	适量
黄芥末	适量
蛋黄酱	适量
橄榄油	适量
盐	适量
迷迭香	适量
荷兰芹	适量

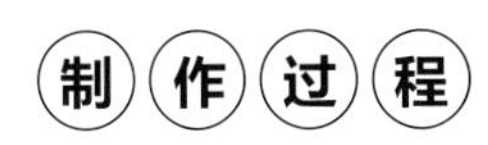

制作过程

1

准备1个玻璃碗，玻璃碗中装入冷水备用，将煮熟的鸡蛋敲碎蛋壳放入冷水中，冷却后剥掉蛋壳。

2

将熟鸡蛋一分为二，用勺子将蛋黄挖出至玻璃碗中，并用勺子碾碎，蛋白留存备用。

3
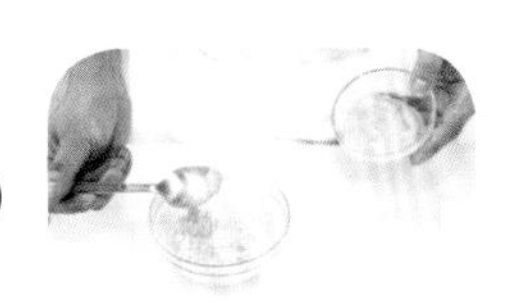

用勺子取黄芥末、盐、橄榄油，搅拌均匀后，加入蛋黄酱。

4

用勺子搅拌均匀。

5

将酱料装入带裱花嘴的裱花袋中，挤入没有蛋黄的蛋白中；用青圆椒、红圆椒、迷迭香、荷兰芹在表面做装饰。

小贴士

1. 熟鸡蛋壳敲碎放入冷水中，鸡蛋内部的保护壳会浮起，可以保证在剥的过程中鸡蛋的完整性。
2. 在取蛋黄的时候要小心，不能破坏蛋白，影响美观。
3. 蛋黄要尽可能地磨得细腻一些，否则影响口感。

炸土豆条

土豆	200 克
橄榄油	适量

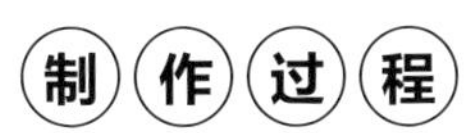

1

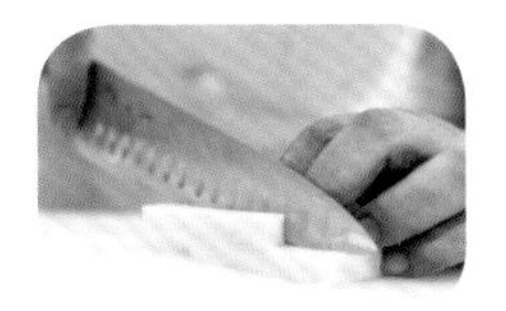

将土豆切成条状，放进锅中，加水煮制 5 分钟左右取出，滤干水分。

2

将橄榄油油温加热到 150℃，加入土豆条，炸 7 分钟左右。

3

将油温加热到 180℃，继续炸制 4 分钟左右，炸至呈金黄色，捞出，放在滤网中过滤控干油，即可摆盘。

美食手账

炸土豆球

食材

土豆	200 克
盐	适量
鸡蛋	适量
低筋面粉	适量
橄榄油	适量
面包糠	100 克
圣女果	1 个
迷迭香	适量
罗勒叶	适量

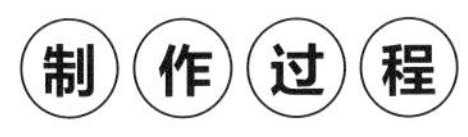

制作过程

1

将带皮土豆清洗干净，再将其放入锅中，加入水，将土豆煮软。

2

捞出，控干，去皮。

3

压成泥状，备用。

小贴士

调馅的面粉和鸡蛋的具体用量，可根据土豆泥的稠稀度进行调节。

4

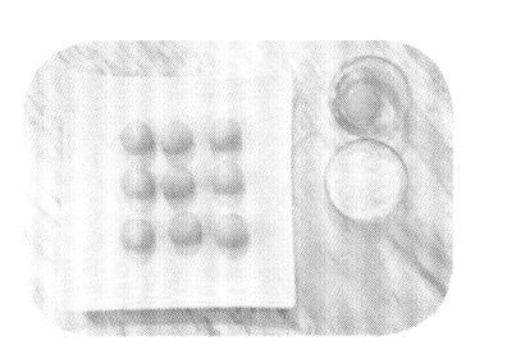

将做好的土豆泥放入盆中，加入盐调味，再加入低筋面粉与鸡蛋，搅拌至呈浓稠状，将其分成 25~30 克 1 个，搓成球状，放入盘中，备用。

5

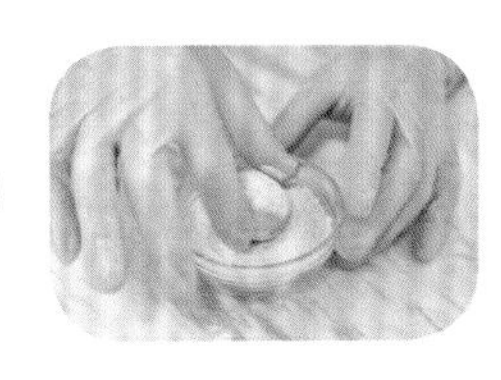

先将搓好的土豆球表面裹上一层低筋面粉。

6

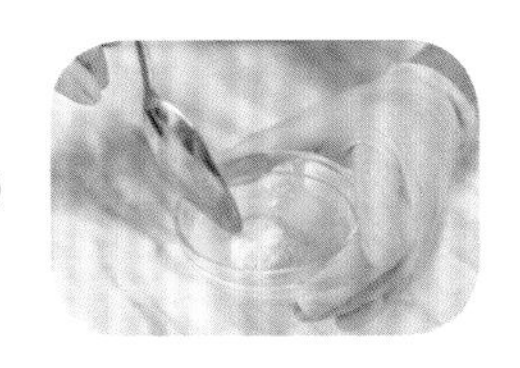

放入鸡蛋液中，表面裹一层薄薄的鸡蛋液。

7

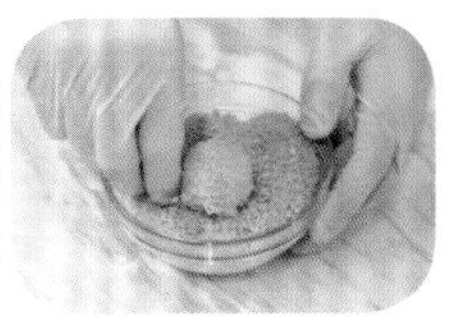

放入面包糠中，表面裹一层面包糠，将其搓匀称。

8

将橄榄油倒入锅中，加热至 180℃，加入“步骤 7”中制作好的土豆球，将其炸至金黄，表面酥脆，最后用夹子取出，放入滤网中，控干油；摆盘时，用圣女果、罗勒叶、迷迭香装饰即可。

安娜土豆

土豆	200 克
黄油	50 克
盐	适量

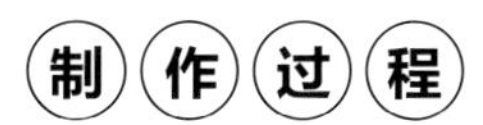

1

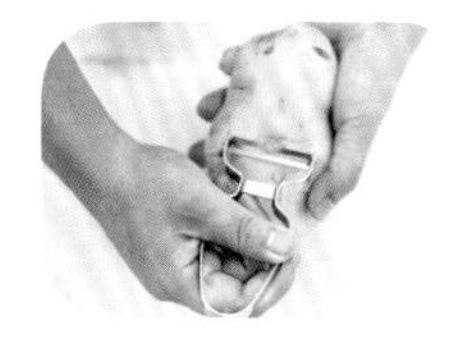

将土豆去皮。

2

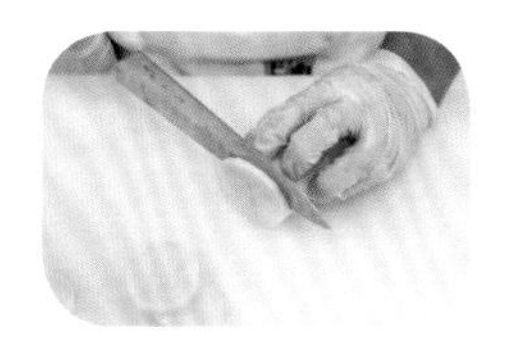

将去皮土豆切成大小均匀的片状，备用。

3

将土豆片放入小烤盘中，在其表面撒盐。

4

在其表面刷黄油。

5

将“步骤 4”中的土豆片放入烤箱中，以 160~180℃烘烤约 10 分钟，烤至表面上色，最后将其取出，摆盘装饰即可。

本配方中的烘烤时间与温度仅供参考，具体烘烤温度、时间以实际操作的具体情况为准。

迷迭香
烤土豆

土豆	200 克
盐	适量
黑胡椒碎	适量
迷迭香	适量
黄油	适量
圣女果	1 个
洋葱	适量

1 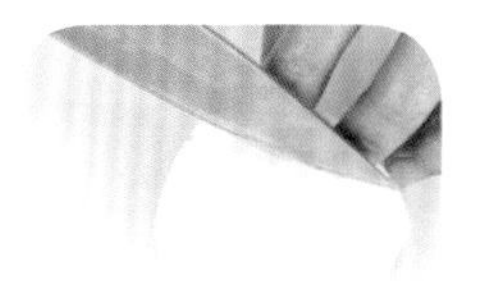

将洋葱切好，备用。

2 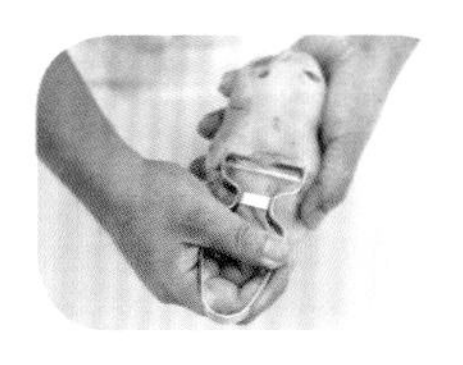

将土豆去皮，切块，放入烤盘中，备用。

3 

将迷迭香叶取出，切断，备用。

4  

在准备好的土豆块表面撒盐、黑胡椒碎，进行调味。

5 

将切好的迷迭香叶放入“步骤 4”中。

6 

将黄油分成小块，放入“步骤 5”中。

7 

将处理好的“步骤 6”摆放整齐，先将其放入风炉中，用温度 160 ~ 180℃，烘烤约 25 分钟，烤至表面呈金黄色，再将其取出，最后摆盘时，用圣女果、洋葱、迷迭香装饰即可。

小贴士

1. 将土豆片铺入模具时，每一层土豆片铺满后，都要在土豆片表面刷黄油，撒上盐、白胡椒粉。
2. 将土豆片铺入千层模具时，每一层尽可能将模具摆满，可以在摆土豆片时，依照模具，用刀修整土豆片的形状。
3. 本配方中的烘烤时间与温度仅供参考，具体烘烤温度、时间以实际操作的具体情况为准。

食材

土豆	400 克
黄油	50 克
淡奶油	250 克
大蒜	适量
百里香	适量
白胡椒粉	适量
盐	适量

制作过程

1

将黄油隔水熔化；将土豆去皮，用刮片机削成片状，备用。

2

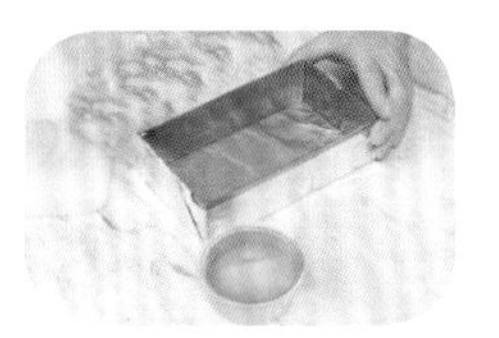

用锡箔纸将千层模具包紧实，修理整齐，备用。

3

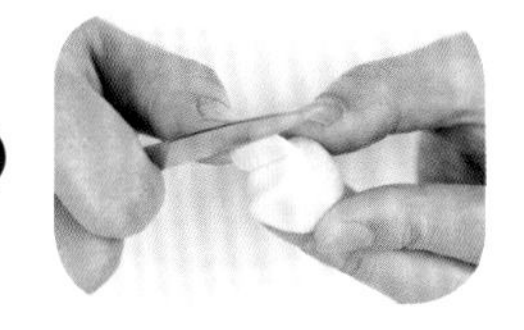

将大蒜去皮，切开，备用。

4

将淡奶油放入锅中，加入百里香，用中低温加热。

5

将准备好的大蒜放入“步骤 4”中，继续加热，煮至黏稠，呈浓缩状，备用。

6

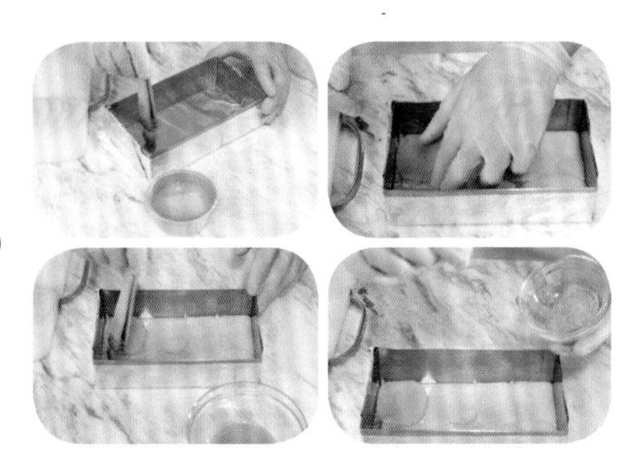

将准备好的千层模具底部刷一层黄油，放土豆片，依次排列，直至模具底部铺满，最后在土豆片表面刷上黄油，撒上盐、白胡椒粉，重复以上铺土豆片的步骤，直至土豆片铺至模具七分满。

7

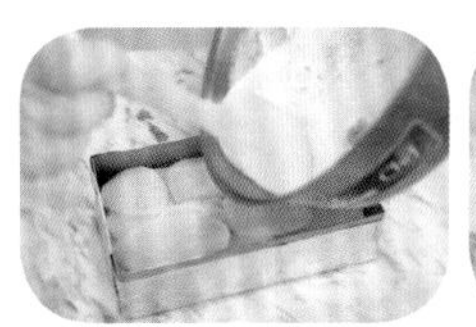

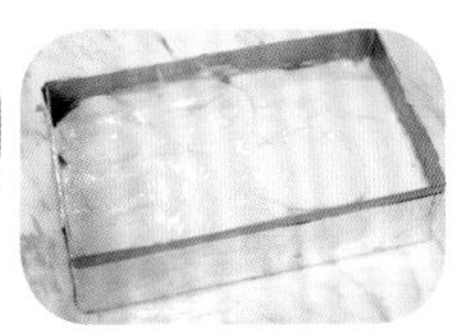

将制作好的“步骤 5”倒入“步骤 6”中，晃匀。

8

将“步骤 7”放入烤箱中，温度为 160 ~ 180℃，烘烤约 15 分钟，烤至表面呈焦褐色，最后将其取出，冷却，脱模，将其均匀分割成条状，摆盘装饰即可。

胡萝卜牛肉卷

食材	用量
牛肉	280 克
猪肉末	250 克
黄油	适量
橄榄油	适量
柠檬汁	适量
番茄酱	1 大匙
番茄丁	2 个
白葡萄酒	100 毫升
牛肉高汤	300 毫升
盐	适量
黑胡椒碎	适量
胡萝卜丁	60 克
洋葱丁	60 克
西芹丁	60 克
蒜碎	20 克
蘑菇	100 克
欧芹末	5 克
意大利综合香料	1/12 小匙

1

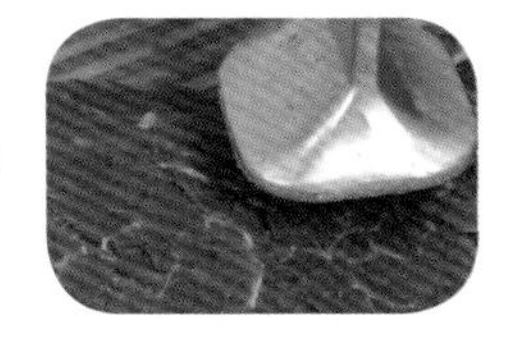

用肉锤将牛肉拍打成薄片，备用。

2

热锅熔化黄油， 炒香洋葱丁，再将蘑菇切碎放入锅内，浇上柠檬汁，加入蒜碎、欧芹末炒香。

3

待“步骤 2”稍微冷却后，用盐和黑胡椒碎调味，加入猪肉末拌匀。

4

用汤匙将“步骤 3”的肉馅抹在牛肉片上，然后包起，用线扎好。

5

热锅加入橄榄油，将牛肉卷煎上色，取出备用。

6

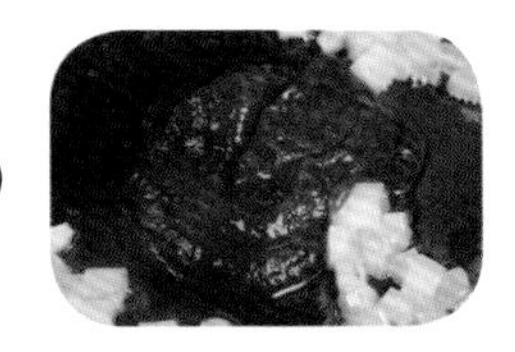

另起锅，用黄油炒香蔬菜丁（胡萝卜丁和西芹丁），加入番茄酱翻炒后，再加入番茄丁和意大利综合香料。

7

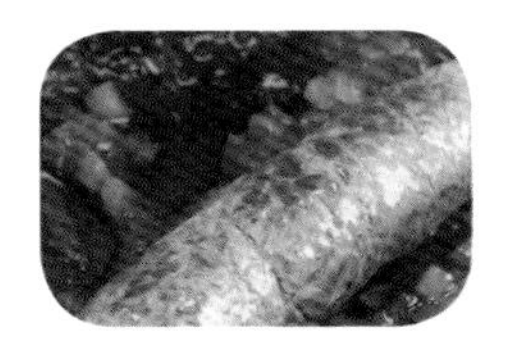

放入牛肉卷，再加入白葡萄酒略煮。

8

将“步骤 7”加入牛肉高汤，用小火熬煮 5 分钟，取出牛肉卷；将汤汁滤出后，淋在牛肉卷上即可。

鸡肉卷

食材

鸡腿肉	1 块
橄榄油	适量
香菜末	2 克
普罗旺斯香料	1 小匙
明虾	1 尾
杏鲍菇	1 支

制作过程

1

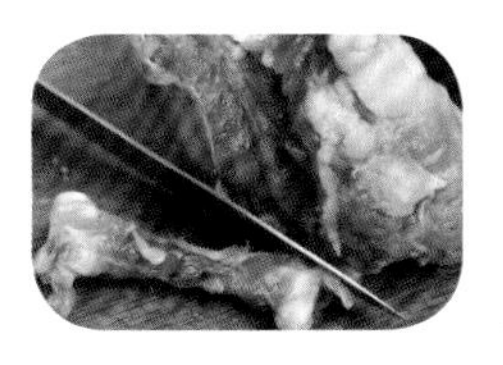

将鸡腿肉多余的脂肪和皮切掉，将筋切断、骨头去除，将肉修整形状。

2

用肉锤将鸡腿肉锤至厚薄一致。

3

将鸡腿肉切成片状，盛入容器，加入香菜末、普罗旺斯香料，用均质机搅打成泥。

4

将杏鲍菇切成长条状，热锅加橄榄油，放入杏鲍菇煎熟，备用。

5

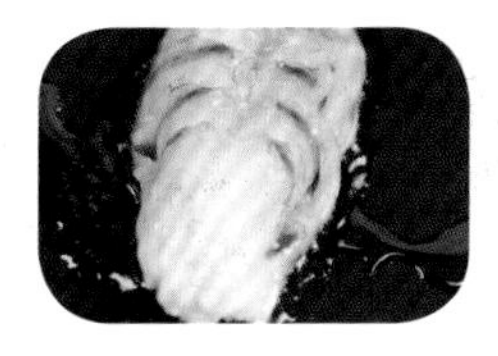

将明虾去头尾，剥去外皮，热锅加橄榄油，放入明虾煎熟，备用。

6

取一张锡箔纸，将鸡腿肉摊平，放上煎好的杏鲍菇和明虾。

7

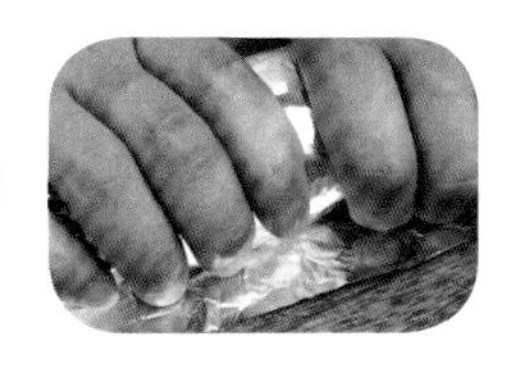

按住锡箔纸的一边，轻轻将鸡腿肉卷成圆柱状，最后用手压紧接口，用棉绳固定住形状。

8

热锅刷上一层橄榄油，放入鸡肉卷，略煎 3 分钟，移入烤箱中，以温度 180℃烤 20 分钟，取出后，淋上自制酱汁。

自制酱汁：
将大蒜碎 5 克、洋葱丁 20 克、胡萝卜 20 克、西芹丁 20 克、番茄酱 15 克、白酒适量、鸡汤 50 毫升、香草 1 束、淡奶油、香葱末适量，混合后用粉碎机搅拌成酱汁状即可。

美味地中海海鲜沙拉

食材

明虾	80 克
蛤蜊	60 克
墨鱼仔	80 克
鱿鱼须	60 克
香叶	0.3 克
柠檬汁	60 克
橄榄油	适量
红圆椒	20 克
黄圆椒	20 克
青圆椒	20 克
洋葱	20 克
混合生菜	30 克
莳萝	2 克
圣女果	30 克
柠檬皮	适量
黑胡椒碎	适量
盐	适量

制作过程

一、海鲜处理

1. 将鱿鱼须去皮，开花刀（或切成片状），备用。

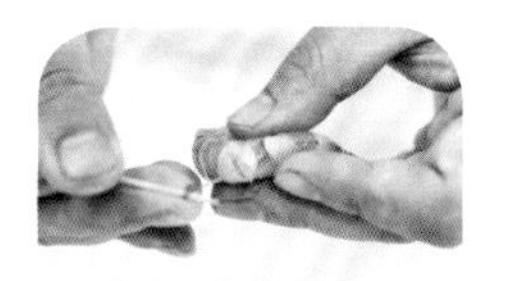

2 将明虾去虾线，备用。

3 将处理好的明虾用黑胡椒碎、20 克柠檬汁腌制，将平底锅加热，放入橄榄油，将腌制好的明虾放入锅中，煎至上色。

4 在锅中加入水、盐、香叶、蛤蜊，小火加热，将蛤蜊煮熟，捞出，备用。

5 将“步骤 4”中的水煮开，将鱿鱼须和墨鱼仔分开放入锅中，各煮制约 2 分钟，捞出，备用。

二、蔬菜处理

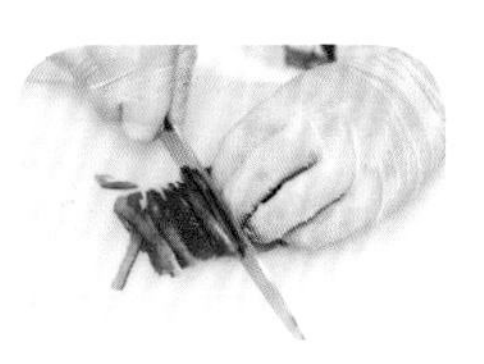

1 将红、黄、青圆椒切成细条状，放入盘中，备用。

2 将洋葱切丝；混合生菜撕成片状，备用。

三、油汁混合物制作

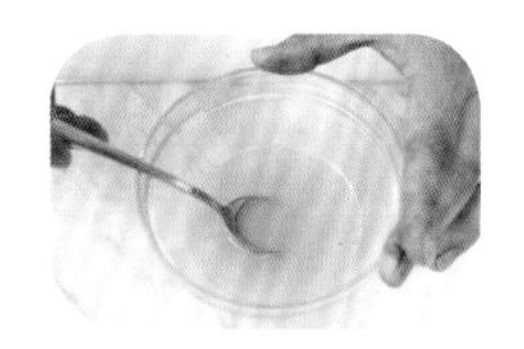

将 30 克橄榄油放入碗中，再挤入 40 克柠檬汁，混合拌匀。

四、蔬菜与海鲜组合

1 除明虾外，将已经处理好的食材（蔬菜、海鲜）放入碗中，加入盐、黑胡椒碎，混合均匀。

2

将调制好的油汁混合物倒入“步骤 1”中，搅拌均匀， 最后放上明虾，在其表面淋上油汁混合物。

五、摆盘装饰

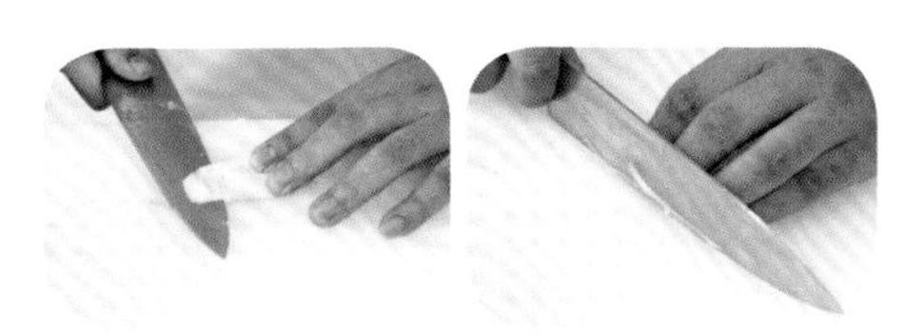

将柠檬皮切丝，先将组合好的蔬菜类放在盘子底部，再放上组合好的海鲜，最后将莳萝、圣女果和柠檬皮丝放其表面装饰即可。

小贴士

1. 这是一道很美味的地中海菜，可以做沙拉，也可以做开胃菜。
2. 在制作油汁混合物时，想要追求更好的效果，可以将柠檬汁与橄榄油一起放入挤料瓶中，用力晃动瓶子，使其混合均匀。
3. 蛤蜊在煮制过程中，若其壳未煮开，则不能食用，需舍弃。
4. 在进行组合时，需要最后放入明虾，这样是为了防止搅拌使明虾变形，影响美观。
5. 本款沙拉装饰过程中，可放入圣女果进行点缀。装饰物的选取，可根据沙拉具体的外观、形态来确定。

玉米番茄鲜虾沙拉

食材

大虾	100 克
番茄	80 克
玉米粒	30 克
洋葱	30 克
白腰豆	20 克
柠檬汁	30 克
西芹	40 克
荷兰芹	1 克
橄榄油	20 克
盐	3 克
圣女果	20 克
混合生菜	40 克

制作过程

1

大虾去除头部、虾线，备用。

2

将番茄去皮，去籽，切丁，备用。

3

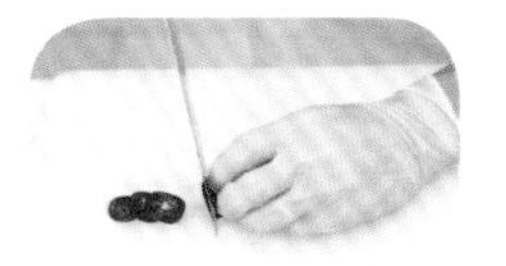

将圣女果切开，备用。

4

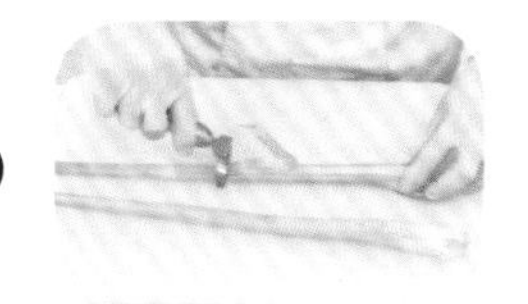

将西芹去皮，切块，备用。

5

将混合生菜、白腰豆、玉米粒分别放入不同的碗中，备用。

6

将荷兰芹、洋葱切碎，备用。

7

将准备好的大虾放入水中，煮熟，捞出即可。

8

除了混合生菜，将其他已经处理好的食材放入碗中。

9

加入柠檬汁、盐、橄榄油拌匀，与混合生菜一同装入盘中即可。

完美鸡蛋配
尼斯沙拉

食材

番茄	1~2 个
红圆椒	1 个
青圆椒	1 个
黄圆椒	1 个
黄瓜	1~2 个
西芹	适量
细青葱	适量
小红萝卜	1~2 个
鸡蛋	4~6 个
罗勒叶	适量
鳀鱼罐头	适量
圣女果片	适量
黄樱桃番茄片	适量
橄榄油	适量
盐	适量
黑胡椒碎	适量

制作过程

一、蔬菜处理

1

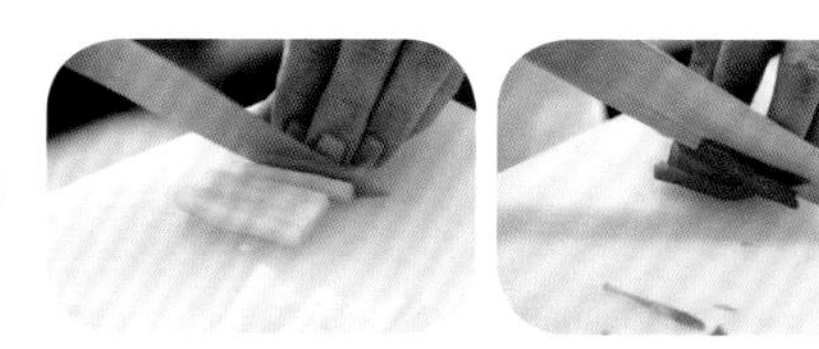

将红、青、黄圆椒去籽，切条。

2

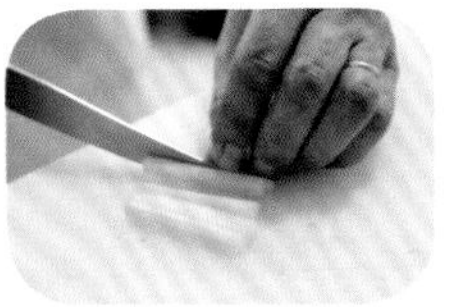

将西芹切段，用削皮刀去皮，切条。

3

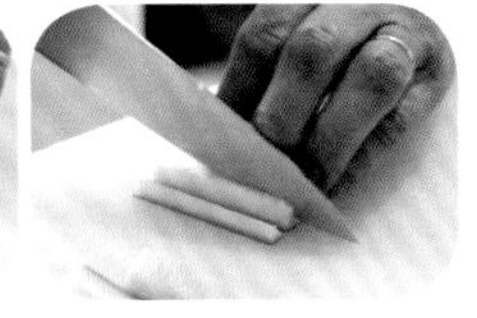

将黄瓜切段，去籽，切条。

4

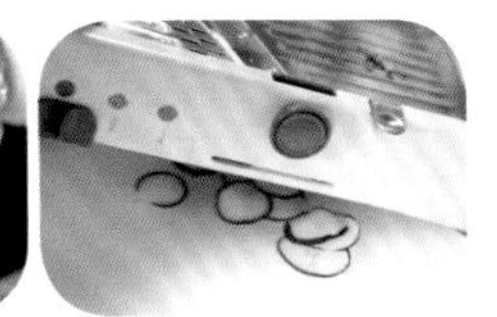

将小红萝卜去头和尾部，放在切片器上，削成薄片。

5

将细青葱前端切除。

6

将“步骤 1 ~ 5”放入烤盘中，表面盖一张厨房用纸，再洒适量水，放冰箱冷藏，使其保持湿度。

二、鸡蛋加工

1

将鸡蛋放入网筛中，用锡纸将网筛口包裹；将低温料理机放入装有水的复合底汤桶中，至水温到 65℃时，放入鸡蛋煮制 1 小时。

2

将煮好的“步骤 1”取出，将蛋白蛋黄分离。

3

将蛋白和蛋黄分别放在网筛中。

4

用勺子按压成碎。

三、罗勒酱制作

1

取罗勒叶，放入料理机中。

2

加入橄榄油、盐、黑胡椒碎，打至泥状。

四、番茄加工

1

将番茄头部、尾部、芯去除。

2

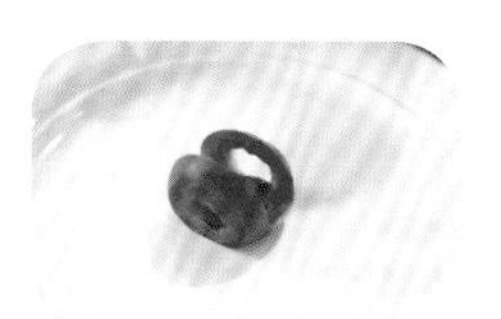

番茄中间部分切除，呈篮子状。

五、装盘

1

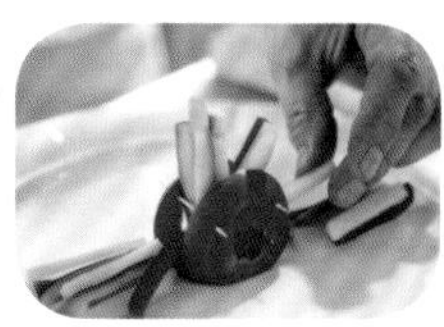

将番茄摆放在盘子中间，两侧用牙签固定；将蔬菜摆放在周围和番茄中间处，固定好后取下牙签。

2

在周围摆放圣女果片、黄樱桃番茄片、小红萝卜片、鳀鱼罐头。

3

将“步骤 2”表面撒适量盐，淋上橄榄油。

4

在“步骤 3”中撒适量蛋黄碎、蛋白碎，点缀罗勒酱，完成。

威尼斯
炸海鲜

食材

新鲜透抽	30 克
虾仁	30 克
干贝	3 个
低筋面粉	100 克
白酒	适量
意大利综合香料	适量
盐	适量
白胡椒粉	适量
橄榄油	适量

制作过程

1

将新鲜透抽拔取出头部，清除内脏和黑囊，撕除薄膜后洗净，切成圈状，加入虾仁、干贝及意大利综合香料，以白酒、盐和白胡椒粉腌拌入味。

2

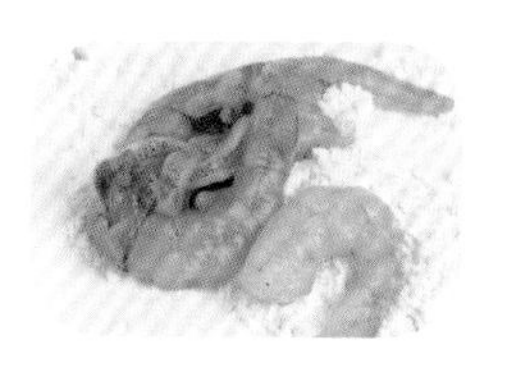

将其腌好后，用厨房用纸先拭干水分，再裹上一层低筋面粉。

3

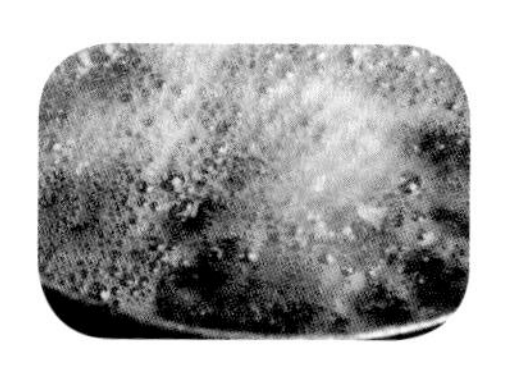

热锅加入橄榄油，将海鲜炸至上色，取出，沥干油分，盛盘。

美食手账

Main course

主菜

法式苹果煎鹅肝

食材

鹅肝	80 克
盐	2 克
黑胡椒碎	2 克
低筋面粉	10 克
橄榄油	30 克
苹果	50 克
黄油	10 克
百里香	2 克
蓝莓	20 克
红葡萄酒	50 克
蓝莓果粒果酱	20 克

制作过程

一、鹅肝处理

1

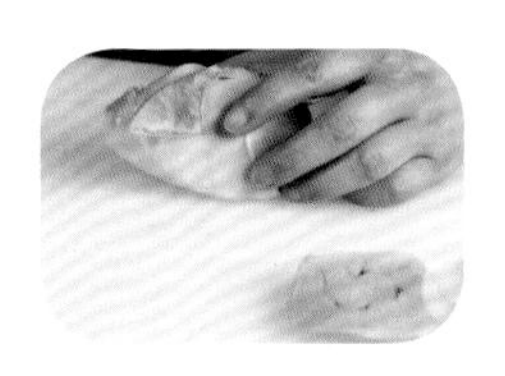

将鹅肝切成厚约 1.5 厘米的片状。

2

用盐、黑胡椒碎腌制鹅肝，再在其表面裹上一层薄薄的低筋面粉。

3

将平底锅加热，放入橄榄油，将裹好低筋面粉的鹅肝放入锅中。

4

将鹅肝煎至两面上色， 其中心温度为65℃左右。

小贴士

将腌制好的鹅肝裹上一层低筋面粉后，需要去除表面多余的面粉，方便后期操作。

二、苹果加工

1

1. 将苹果去皮，切成厚约 1 厘米的片，用刀将苹果片中心刻成方形，将苹果核取出。

2

2. 将平底锅加热，放入黄油，开小火，将苹果两面煎至上色。

三、摆盘装饰

1

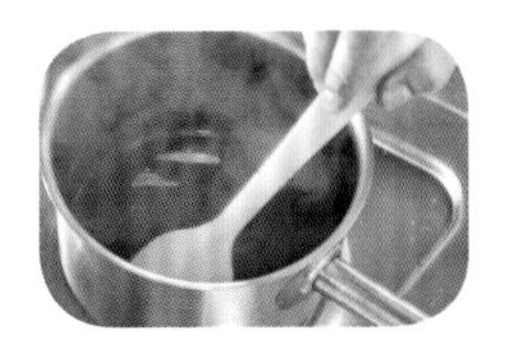

蓝莓酱汁：先将红葡萄酒倒入锅中，加热至沸腾，再持续加热煮制，挥发掉部分酒汁，最后加上蓝莓果粒果酱，混合拌匀，收稠汁，备用。

2

将蓝莓的表面裹上一层蓝莓酱汁，备用。

3

将处理好的苹果放在盘子中间，挤上蓝莓酱汁，再将鹅肝摆放在上面，用百里香点缀，最后将裹好蓝莓酱汁的蓝莓呈直线、穿过鹅肝摆放。

鹅肝开那批

鹅肝	200 克
盐	3 克
白胡椒粉	1 克
洋葱	50 克
红葡萄酒	50 克
白糖	10 克
法棍	100 克
黄油	20 克
橄榄油	10 克
黑胡椒碎	1 克
意大利黑醋	15 克
圣女果	1 个
薄荷叶	适量

1

把鹅肝解冻，去除血管，切成小块，备用。

2

将法棍切成片状，备用。

3
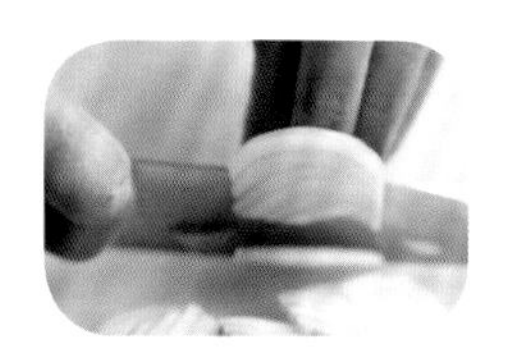

将洋葱切成丝状，备用。

4

将处理好的鹅肝放入密封袋中，依次放入盐、白胡椒粉、橄榄油、红葡萄酒，对其进行腌制。

5

在锅中加入水，将水加热至 80~85℃，将“步骤 4”放入热水中，低温煮制 9 分钟。

6

将“步骤 5”中的鹅肝取出，过筛，碾碎，将其放入保鲜膜中，卷成圆柱状，放入急冻柜中，冷冻半小时。

7

取出，用刀将其切成 0.5 厘米厚的片状，备用。

8

在处理好的法棍片表面抹上黄油。

9

入烤箱，以温度 200℃，烘烤至双面上色。

10

取出，备用。

11

将锅加热，放入橄榄油，加入洋葱丝，炒至上色，加入盐。

12

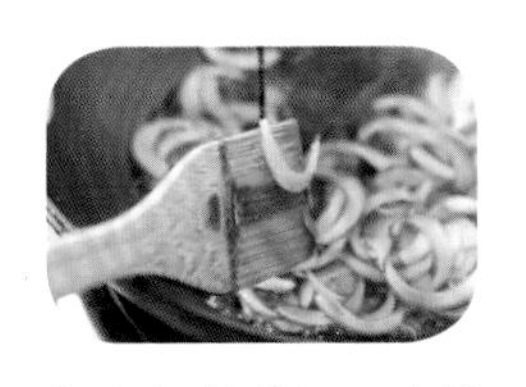

加入红葡萄酒、白糖、意大利黑醋、黑胡椒碎进行调味。

13

小火熬制 15 分钟左右，关火，备用。

14

将烤好的法棍片摆放在盘子上，依次在其上面放处理好的鹅肝、洋葱丝，最后用薄荷叶和烘烤过的圣女果装饰，即可。

黑胡椒金枪鱼

食材

冰冻金枪鱼	120 克
盐	适量
黑胡椒碎	3 克
橄榄油	适量
黄圆椒	30 克
红圆椒	30 克
黄油	10 克
芦笋	40 克
白糖	10 克
柠檬	30 克
红葡萄酒	20 克
意大利黑醋	10 克

制作过程

1

将黄、红圆椒切成菱形片状，备用。

2
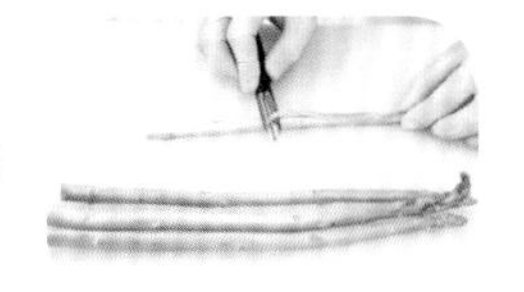

将芦笋去皮、切段，备用。

3

将柠檬切成扇状，备用。

备注：本配方中的黄油使用时，为固体状。

4
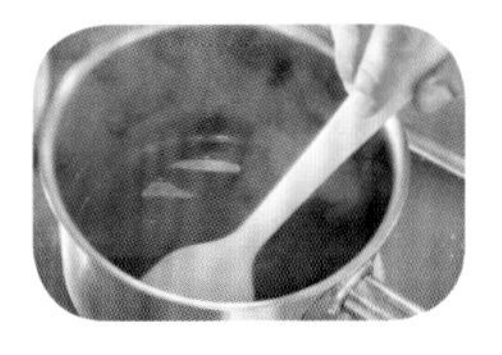

将红葡萄酒倒入锅中，煮至酒精挥发一部分后，加入意大利黑醋，持续加热，煮至呈浓稠状，制成红酒黑醋汁，备用。

5

将金枪鱼解冻，用盐、黑胡椒碎进行腌制。

6

将锅加热，放入橄榄油，再放入腌制好的金枪鱼，将其表面煎到 3 分熟。

7

离火，出锅，将煎好的金枪鱼切厚片，备用。

8

将锅加热，放入黄油，待黄油熔化后，放入处理好的蔬菜，加入白糖，将蔬菜炒熟，用盐、黑胡椒碎调味；先沿着装饰盘的对角线位置，淋上红酒黑醋汁，再将切好的金枪鱼片依次排列，将炒好的蔬菜摆盘。

帕玛森芝士
焗茄子

食材

茄子	300 克
番茄	280 克
洋葱	30 克
番茄膏	20 克
大蒜	10 克
罗勒叶	3 克
帕玛森芝士	20 克
橄榄油	适量
黑胡椒碎	2 克
马苏里拉芝士	20 克
玉米淀粉	15 克
盐	适量

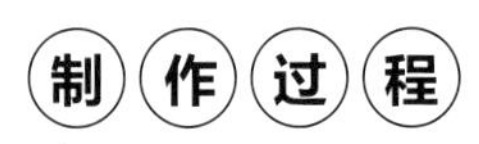

制作过程

1. 

将洋葱、大蒜切碎，备用。

2. 

将番茄去皮，切丁，备用。

3. 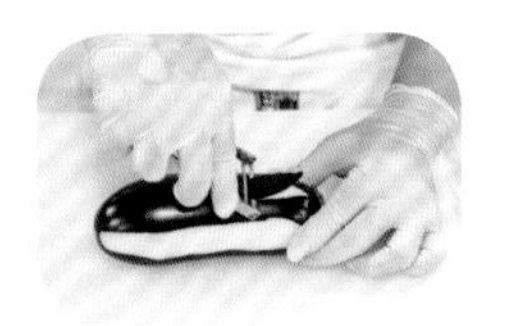

将茄子去皮，切成约 0.3 厘米厚的片状，再用盐、黑胡椒碎腌制，备用。

4. 

将帕玛森芝士刨碎、切条；用锡箔纸将千层模具包紧实，修理整齐，备用。

5. 

将番茄膏炒香；将腌制好的茄子片表面裹一层薄薄的玉米淀粉，备用。

6. 

在锅中加入适量橄榄油，加热至 180℃，放入裹好玉米淀粉的茄子片，将其炸成金黄色。

7. 

捞出，放在厨房用纸上，将其多余油汁吸干，备用。

8

在锅中加入适量橄榄油，放入洋葱、大蒜、番茄丁炒香，再放入番茄膏，煮制约30分钟，呈浓稠状，再放入盐和黑胡椒碎，混合拌匀，离火；先将处理好的茄子片依次排列，摆放在千层模具中，直至模具底部铺满，然后在茄子片表面刷制作好的番茄酱，撒上马苏里拉芝士，重复以上铺茄子片的步骤，直到茄子片铺至模具七分满，最后在其表面刷上番茄酱，撒上帕玛森芝士碎即可。

9

将组装好的茄子片放入200℃烤箱中，烘烤8~10分钟，直至表面上色，然后冷藏，取出脱模，切块；二次加热后，将其放在盘子上，表面用罗勒叶、帕玛森芝士条装饰，旁边放番茄酱，即可。

小贴士

1. 将茄子片铺入千层模具时，每一层尽可能将模具铺满，可以在摆放茄子片时，依照模具，用刀修整茄子片的形状。
2. 将茄子片铺入模具时，每一层茄子片铺满后，都要在其表面（除最上层外）放上马苏里拉芝士，在后期烘烤时，层与层之间会更好地黏合。
3. 将烘烤好的茄子片进行冷藏是为了后期更好地切块，食用时，二次加热即可。
4. 本配方中番茄酱的煮制时间仅供参考，具体时间以实际操作时，番茄酱的状态为准。

香槟浓汁焗生蚝

食材

生蚝	300 克
盐水	适量
蛋黄	120 克
香槟	50 克
盐	适量
黄油	40 克
柠檬汁	10 克
小红萝卜	30 克
莳萝	2 克
蓝色粗盐	100 克
柠檬	60 克

制作过程

一、生蚝处理

1. 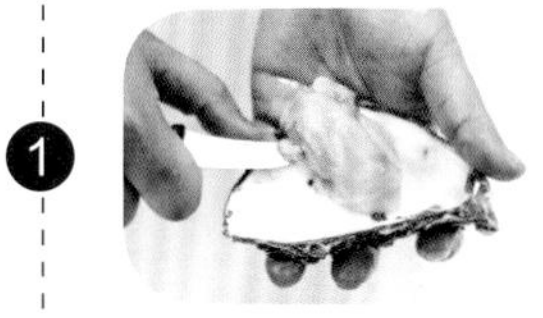

将生蚝的生蚝肉和壳分开，清洗干净，备用。

2. 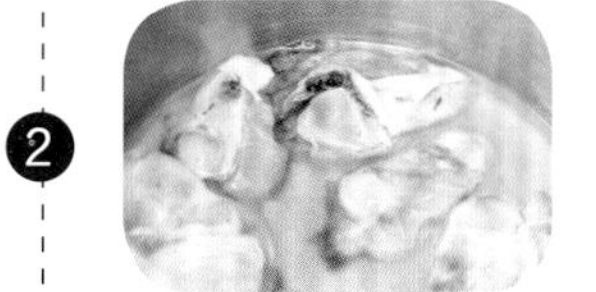

将处理好的生蚝肉放入锅中，放入盐水，小火煮 1 分钟，捞出，备用。

二、制作香槟汁

1 澄清黄油：将黄油放入锅中，小火加热，待黄油熔化后，撇去顶部白色奶液，待其沉淀，过滤后备用。

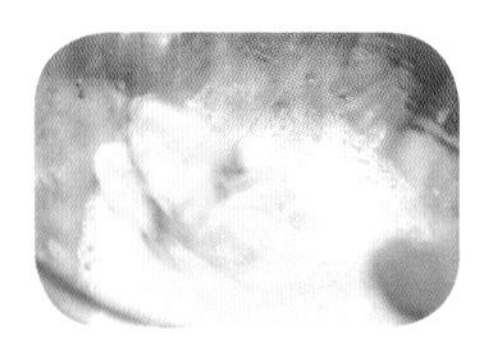

2 将蛋黄放入盆中，加入香槟，搅拌至表面有气泡，微微发白即可。

3 在锅中加入水，大火煮开转小火，持续加热至水温 80~90℃，将“步骤 2”放在锅上面（蒸汽加热），不停地搅拌，直至呈浓稠状，最后酱汁的温度保持在 83℃。

4 离火，分次加入澄清黄油拌匀，最后加入盐、柠檬汁调味，备用。

三、生蚝肉与香槟汁组合

1 把处理好的生蚝肉放回清洗干净的壳里。

2 将制作好的香槟汁铺满“步骤 1”的表面。

3 将“步骤 2”放在焗炉上烘烤，直至表面呈金棕色。

四、摆盘装饰

1 将刀插入柠檬中，雕刻出图片所展示的形状；将小红萝卜削出薄片，放入冰水中，备用。

2

将处理好的蓝色粗盐放在盘子中心，将其铺成圆形，先将小红萝卜薄片与莳萝放在生蚝表面，再将装饰好的生蚝摆在蓝色粗盐周围，最后在盘子中心放入雕刻好的柠檬，即可。

小贴士

1. 澄清黄油与普通黄油相比，其冒烟点较高，不易焦化。
2. 生蚝在烘烤时，因为生蚝壳不平，为避免酱汁流出，可以用锡纸固定。
3. 装饰用粗盐加蓝色色素：第一，有海洋的感觉；第二，可以更好地固定生蚝的形状。
4. 在制作香槟汁的过程中，后期放在锅上收稠搅拌时，采用八字搅拌法，使香槟汁受热均匀，利于操作。

蘑菇
鸡腿卷

食材

去骨鸡腿	250 克
白蘑菇	60 克
蒜片	10 克
洋葱末	20 克
毛豆	20 克
鸡清汤	70 克
马苏里拉芝士	20 克
盐	适量
百里香	1 克
黄油	10 克
橄榄油	10 克
淡奶油	10 克
冬菇	20 克

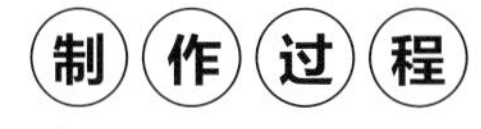

1. 

将去骨鸡腿开花刀，撒上盐，腌制 15 分钟。

2. 

将白蘑菇、冬菇切片；热锅后，放入洋葱末，加入橄榄油、白蘑菇片、冬菇片炒香调味。

3. 

将鸡腿摊开，放入 1/2 炒好的白蘑菇片、冬菇片，撒马苏里拉芝士，卷起鸡腿，用细绳捆住。

4. 

热锅，放入黄油、鸡腿，撒适量百里香。

5. 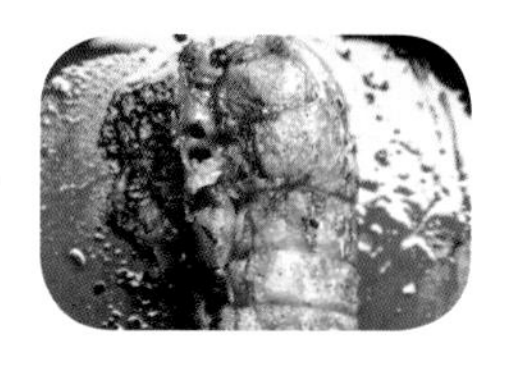

用小火慢煎至鸡腿上色，取出，入烤箱，以 180℃烘烤 8 分钟。

6. 

取出，解开细绳，用刀将鸡腿切片。

7. 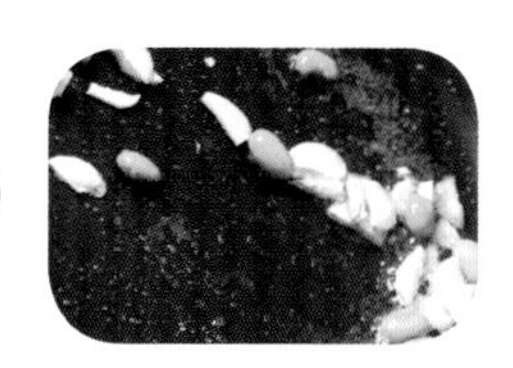

用橄榄油炒熟蒜片和毛豆，加入盐调味，备用。

8. 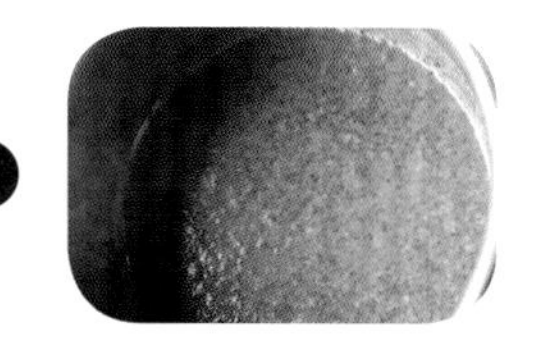

将剩余 1/2 炒好的白蘑菇片、冬菇片加入鸡清汤烧开，加入盐、淡奶油调味，出锅与鸡腿片一同摆盘即可。

鮟鱇鱼配生熟蔬菜

食材

鮟鱇鱼	1 条
菠菜	适量
胡萝卜	1~2 个
西葫芦	1~2 个
白萝卜	1~2 个
红圆椒	1~2 个
青圆椒	1~2 个
黄圆椒	1~2 个
手指萝卜	1~2 个
小红萝卜	1~2 个
柠檬	1~2 个
苦苣	适量
苦菊	适量
黄油	适量
橄榄油	适量
盐	适量
黑胡椒碎	适量

制作过程

一、处理鮟鱇鱼

1.  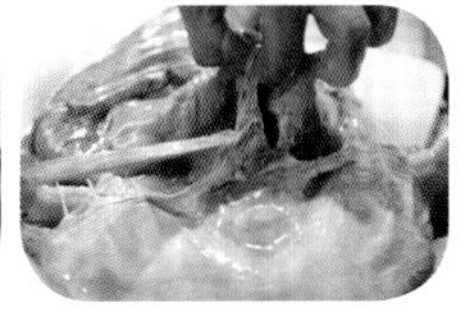

鮟鱇鱼去除头部、鱼鳍、内脏，留头部以下部分。

2. 

将头部以下部分的鱼排和鱼骨分离，鱼骨留用做汤。

3.  

将鱼排中的薄膜去除干净，切长条状，表面撒盐、黑胡椒碎调味。

4. 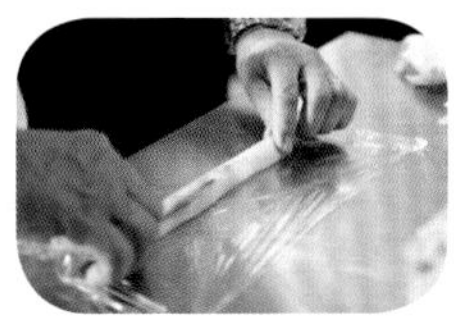 

放入保鲜膜中，将其卷紧。

5. 

将“步骤 4”放入风炉中，用温度 60℃约烤 30 分钟，取出去除保鲜膜。

二、蔬菜加工

青圆椒、红圆椒、黄圆椒

将青、红、黄圆椒去籽，切条，表面撒盐，淋橄榄油，放风炉中用温度 180℃约烤 10 分钟。

胡萝卜

1.  

胡萝卜去皮，切条。

2

锅中放入水、盐，加入“步骤 1”煮开；煮好后放入冰水中约 60 秒，使其口感硬脆。

菠菜

在锅中加入黄油，放入菠菜，加入盐、黑胡椒碎调味，炒熟备用。

西葫芦

1

将西葫芦切条。

2

在锅中放入水、盐，加入“步骤 1”煮开；煮好后放入冰水中约 60 秒，使其口感硬脆。

白萝卜

1

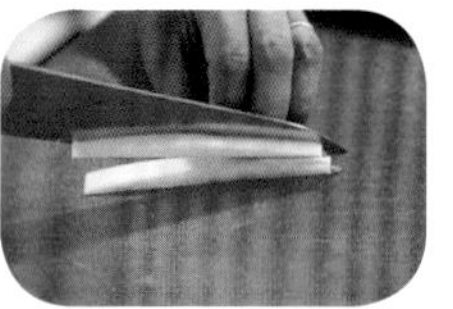

将白萝卜去皮，放在切片器上削成薄片，再切条。

2

在锅中放入水、盐，加入“步骤 1”煮开；煮好后放入冰水中约 60 秒，使其口感硬脆。

三、蔬菜与鮟鱇鱼组合

1

“U”型模具中，铺一层保鲜膜。

2

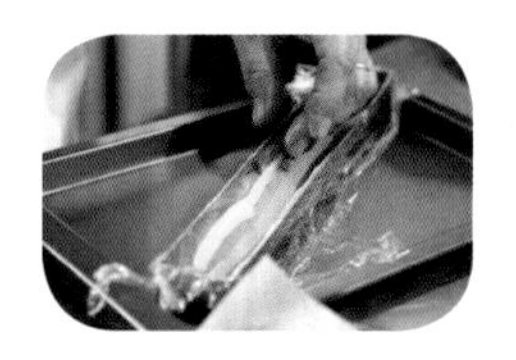

在“步骤 1”中放入白萝卜条、青圆椒条、红圆椒条、黄圆椒条、胡萝卜条、西葫芦条（一种颜色一排）。

3

在“步骤 2”上铺一层菠菜。

4

放入一层鮟鱇鱼。

5

摆上一层菠菜。

6

摆放一层白萝卜条、青圆椒条、红圆椒条、黄圆椒条、胡萝卜条、西葫芦条。

7

用保鲜膜将“步骤 6”整体包起，在顶部用重物压住，放冰箱冷藏 3~4 小时。

8

取出，倒扣，用刀将其切块。

四、装饰制作

1

将白萝卜去皮，切成薄片，放入冰水中使其口感硬脆。

2

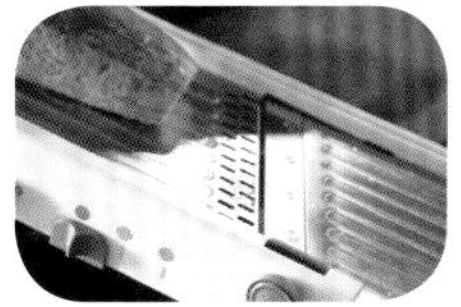

将西葫芦放在切片器上，削成薄片，放入冰水中使其口感硬脆。

3

手指萝卜去皮，留梗，切成薄片，放入冰水中使其口感硬脆。

4

将小红萝卜放在切片器上，削成薄片，放入冰水中使其口感硬脆。

5

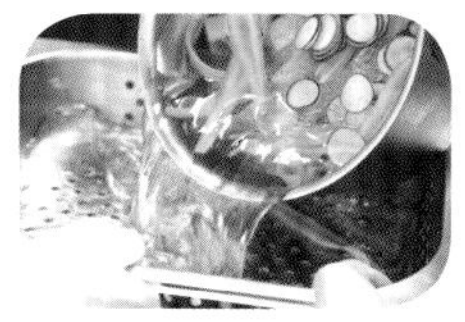

将“步骤 1~4”过筛，取出，放在厨房用纸上吸干水分，并在表面淋适量橄榄油备用。

五、装盘

1

将柠檬切半，挤出柠檬汁，在柠檬汁中加入橄榄油、盐，搅拌均匀。

2

在盘中放入蔬菜卷，取下保鲜膜。

3

摆放苦苣、苦菊，和煮过的蔬菜，淋上柠檬汁、橄榄油。

惠灵顿牛排

食材

牛柳	150 克
盐	适量
黑胡椒碎	适量
百里香	0.5 克
黄油	适量
大蒜	适量
洋葱	20 克
蘑菇	60 克
蛋液	30 克
意式火腿片	15 克
酥皮	100 克
红酒	适量
棕色牛高汤	100 克
细砂糖	适量
圣女果	20 克
芦笋段	30 克
手指胡萝卜段	50 克

制作过程

一、牛排处理

1

将盐、黑胡椒碎和百里香放在牛柳上，腌制约 15 分钟。

2

将锅加热，加入黄油，待黄油熔化后放入牛柳、大蒜与百里香，将牛柳两面煎到上色。

二、馅料制作

1

将洋葱和大蒜分别切碎，蘑菇切片。

2

将锅加热，加入黄油，待黄油熔化，先加入洋葱碎和大蒜碎炒香，再放入蘑菇片炒软，最后用盐和黑胡椒碎调味。

三、组合处理

1

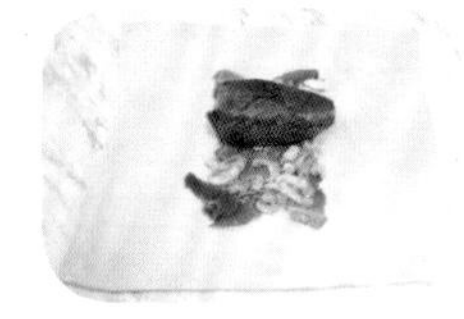

取酥皮，在表面先放上意式火腿片，再放入馅料，最后放上处理好的牛排。

2

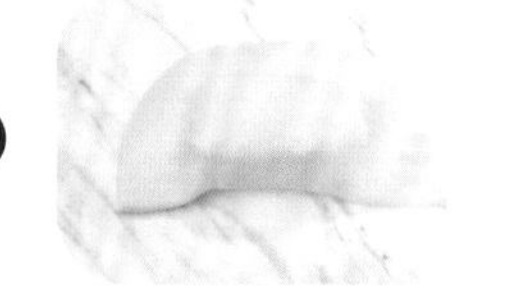

在酥皮边缘处刷上一层蛋液，将两边对折、包住中心处的食材，用刀修去多余的部分，压紧边缘。

3

用剪刀在酥皮边缘处剪出花型，在表面刷蛋液。

4

将“步骤 3”放入预热至 210℃的烤箱，烘烤约 15 分钟，上色即可。

四、制作红酒汁

1

将黄油放入锅中，待低温熔化后放入洋葱碎炒香至上色，加入红酒，加热至酒精挥发。

2

加入棕色牛高汤，边搅拌边收汁。

3

加入细砂糖、盐和黑胡椒调味。

4

加入黄油，混合拌匀，增加香味。

五、装盘

将红酒汁挤入盘中央，放入牛排，再依次放上焯过水的芦笋段、圣女果和手指胡萝卜段，百里香斜放。

酥皮的制作

酥皮可以直接在市场上购买，也可以自己制作。

材料：

低筋面粉	250 克
盐	5 克
黄油	50 克
水	103 克
片状黄油	180 克

制作过程：

1. 将低筋面粉、盐和黄油倒入盆中，混合拌匀，再加入水，搅拌成团状。

2. 将面团取出，在中间切十字，包保鲜膜，冷藏半个小时以上。

3. 取出面团，放入起酥机，压成长方形面皮。将片状黄油放在面皮中间位置，用面皮完全包裹起来。使用起酥机进行擀压，折叠成 4 层，再擀压，重复 6 次操作，完成后放入冰箱冷藏。使用时，将其擀压至所需大小和厚度即可。

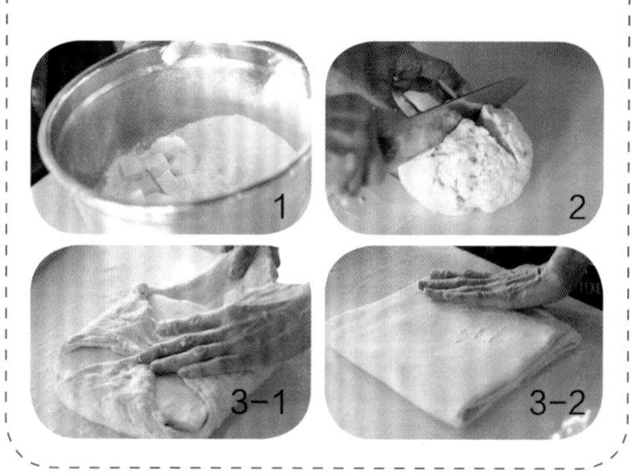

格勒诺布尔
生蚝

生蚝	适量
番茄	1~2 个
柠檬汁	30 毫升
柠檬	1~2 个
庞多米面包	500 克
水瓜柳	100 克
香芹	100 克
淡奶油	150 克
酸模叶	适量
浓缩胡萝卜汁	适量
盐	适量
橄榄油	适量

一、处理生蚝

1

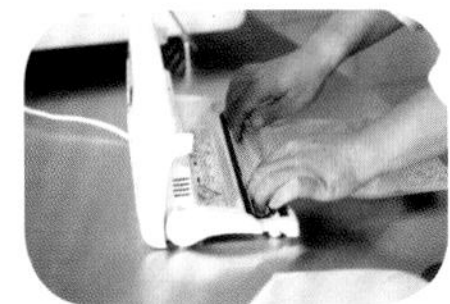

将生蚝放入真空袋中，抽干空气。

2

将低温料理棒放入装有水的复合底汤桶中，至水温到 70℃时，放入“步骤 1”，约煮制 15 分钟。

3

将煮好的“步骤 2”捞出，放入冰水中冷却，冷却后去壳，沥干水分。

二、庞多米面包加工

1

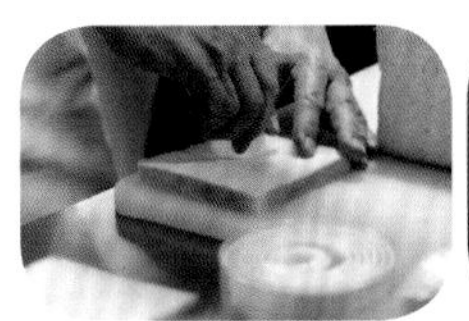

用直径 2 厘米的圈模切 20 个庞多米面包圆片，剩下的庞多米面包切小块。

2

在锅中加入橄榄油，将庞多米面包块煎至呈金黄色。

3

将庞多米面包圆片放在升降面电火炉中，煎至呈金黄色。

三、蔬菜、水果加工

1

将番茄去皮，切成丁状；将柠檬去皮，切成丁状。

2

将水瓜柳、香芹切丁。

3

将“步骤 1”“步骤 2”混合，加入庞多米面包块，搅拌均匀。

四、装饰制作

1

将淡奶油打发，加入柠檬汁、盐，搅拌均匀，装盘使用。

2

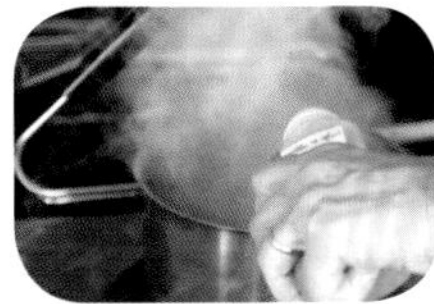

将浓缩胡萝卜汁倒入锅中，煮至浓稠，放冰水中冷却备用。

五、装盘

1

将蔬菜、水果放入直径为 3 厘米的圈模中，在顶部放打发淡奶油。

2

在“步骤 1”顶部放上生蚝，再放上庞多米面包圆片（庞多米面包底部放上少量打发淡奶油，起到粘黏的作用）。

3

打发淡奶油用两个一样大小的勺子相互配合，制作出椭圆形装饰，放在“步骤 2”顶部。

4

放酸模叶进行点缀，用勺子辅助将胡萝卜汁在盘中划出线条装饰。

5

在“步骤 4”表面淋适量橄榄油。

茴香珍珠
鸡块配
玉米糕

食材

珍珠鸡	1 只
茴香根	适量
黄樱桃番茄	适量
圣女果	适量
土豆	1~2 个
油浸大蒜	2 瓣
猪肉汁（猪骨熬制）	适量
百里香	适量
橄榄油	适量
黄油	适量
盐	适量
黑胡椒碎	适量
玉米粉	100 克
鸡汤（骨架熬制）	600 克

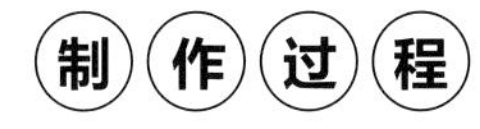

制作过程

一、处理珍珠鸡

1

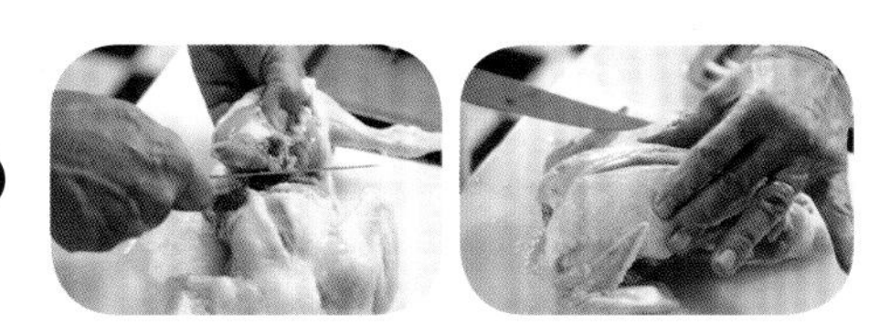

取下珍珠鸡的鸡胸肉和腿部，其他部分冷藏保存。

2

在鸡胸肉表面撒盐、黑胡椒碎调味，放入真空袋中，抽干空气。

3

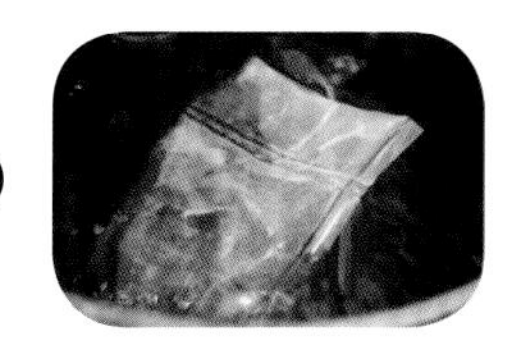

将低温料理棒放入装有水的复合底汤桶中，至水温到 60℃时，放入“步骤 2”，约煮 50 分钟。

4

用刀将鸡腿分割为琵琶腿。

5

在“步骤 4”表面撒盐、黑胡椒碎，放入真空袋中，抽干空气；将低温料理棒放入装有水的复合底汤桶中，水温到 70℃时，放入装有琵琶腿的真空袋，约煮 75 分钟。

6

在锅中加入橄榄油，放入“步骤 3”“步骤 5”，加入盐、黑胡椒碎调味，煎至上色。

二、茴香根加工

1

将茴香根切块，放入风炉中，以温度 95℃加热 1 小时。

2

在锅中放黄油，加入“步骤 1”，加入盐、黑胡椒碎调味，煎至上色。

三、玉米糕制作

1

在长方体模具中刷适量橄榄油，放在铺有油纸的烤盘中。

2

将鸡汤煮沸，边搅拌边加入玉米粉，加入盐、黑胡椒碎调味，搅拌至浓稠。

3

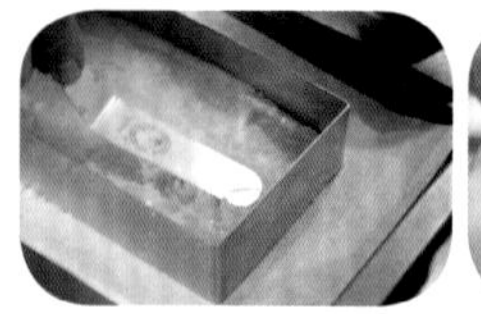

将“步骤 2”倒入“步骤 1”中，用小抹刀抹平，表面盖一层油纸，放冰箱冷藏定型，定型后取出，用圈模压出圆柱形。

4

在锅中放入适量黄油，加入“步骤 3”、油浸大蒜，煎至上色，撒盐调味。

四、装饰制作

土豆

1

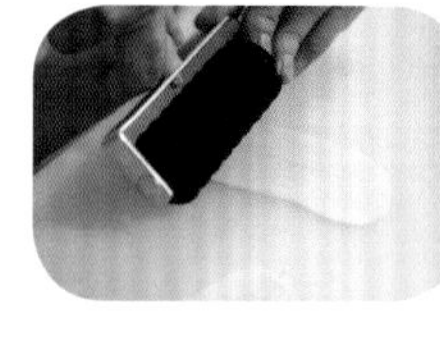

将土豆放在切片器上，切出薄片，用滚轮刀切出纹路。

2

在锅中放入橄榄油，用长夹子辅助将“步骤 1”放入锅中，炸至呈金黄色。

3

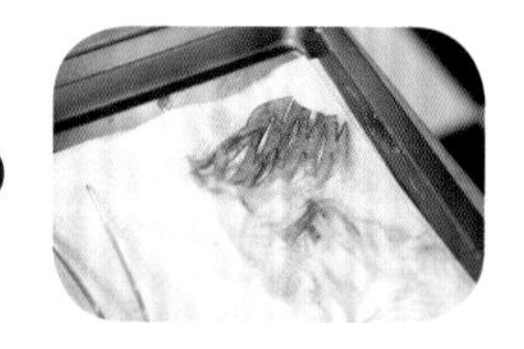

取出，放在厨房用纸上，备用。

圣女果

1

将圣女果切半，用挖球器将芯挖出。

2

在圣女果外皮上撒盐、黑胡椒碎、橄榄油，放入风炉中，加热约 10 分钟。

黄樱桃番茄

1

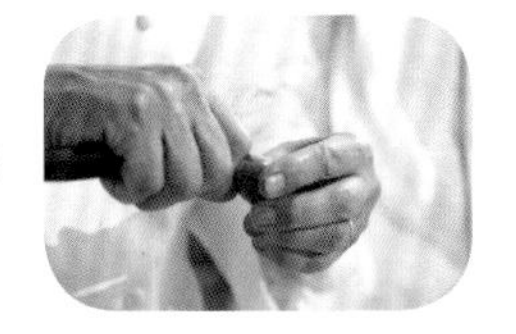

在黄樱桃番茄的底部划 1 个刀口。

2

在锅中放入橄榄油，放入“步骤 1”，进行炸制，在表面撒适量盐调味。

五、装盘

1

将琵琶腿关节处去除，将鸡胸肉切块。

2

在盘中放入鸡胸肉、琵琶腿、圣女果、玉米糕、茴香根块。

3

在表面放百里香、土豆、黄樱桃番茄，淋猪肉汁、橄榄油。

烤龙虾配香醇玉米粥

食材

食材	用量
龙虾	适量
番茄	1~2 个
洋蓟	1~2 个
茴香根	1~2 颗
绿芦笋	6~12 根
大蒜	适量
胡萝卜	2 颗
洋葱	1 颗
白葡萄酒	适量
百里香	适量
酥皮面团	适量
橄榄油	适量
盐	适量
黄油	适量
高筋面粉	适量
玉米粉	150 克
牛奶	300 克
淡奶油	300 克
鸡汤（用鸡骨架熬制）	300 克
帕玛森芝士	适量
黑胡椒碎	适量

制作过程

一、处理龙虾

1

在锅中加入水、盐和龙虾煮约 6 分钟，煮熟后放入冰水中冷却。

②

将龙虾头部、身体、螯夹分离。

③

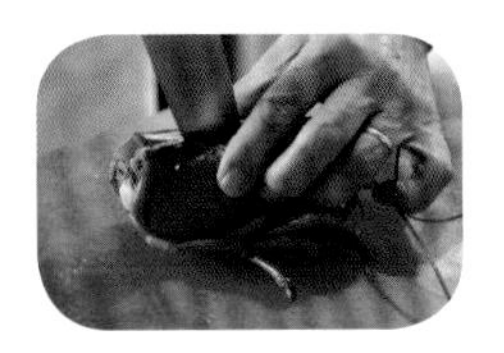

将头部一分为二用于制作汤汁。

④

将龙虾身体、螯夹(裹肉部分)的外壳去除。

⑤

锅中放入“步骤 4”(钳子肉除外),加入黄油、盐,煎至上色。

二、龙虾汤汁制作

①

在锅中加入橄榄油,加入龙虾头部,煎至上色。

②

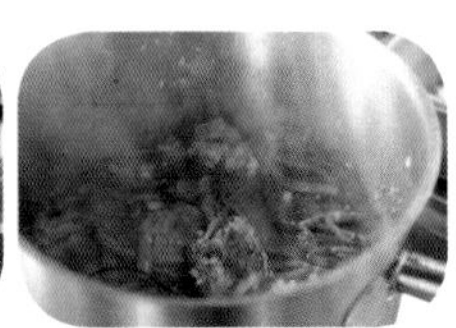

用木铲将“步骤 1”捣碎,加入水(没过龙虾头的量)煮 15 分钟,煮好后过滤。

三、玉米粥制作

①

将牛奶、淡奶油、鸡汤倒入锅中混合,放入盐、黑胡椒碎煮沸。

②

加入玉米粉,小火加热,边加热边用手持打蛋器搅拌。

3

在“步骤 2”中加入部分帕玛森芝士、橄榄油搅拌均匀，煮至浓稠。

四、蔬菜加工

胡萝卜、洋葱、大蒜、洋蓟

1

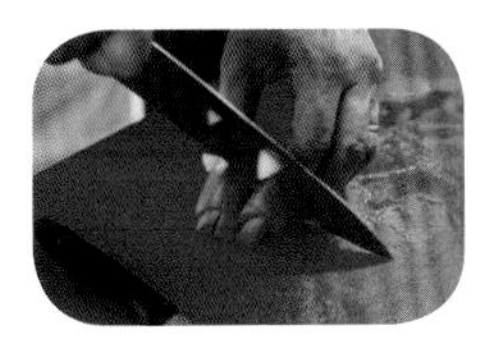

将胡萝卜、洋葱、大蒜切块。

2

洋蓟去皮和梗，切半。

3

将百里香、胡萝卜块、洋葱块、大蒜块、洋蓟放入锅中，加入白葡萄酒和水（1:1），加入橄榄油、盐、黑胡椒碎煮 15~20 分钟。

4

取出洋蓟备用。

番茄

1

将番茄切片放入烤盘中，表面撒盐、黑胡椒碎、百里香、橄榄油。

2

放入风炉中，以温度 100℃加热至水分挥发。

茴香根

1

将茴香根切长条，将部分茴香根放入真空袋中，撒盐调味，抽干空气。

2

将低温料理棒放入装有水的复合底汤桶中，水温到 90℃时，放入“步骤 1”，约煮 30 分钟，煮好后捞出，放入冰水中冷却，取出。

绿芦笋

1

将绿芦笋切半，取芦笋尖部。

2

将“步骤 1”放入沸水中，约煮 2 分钟，煮好后放入冰水中，冷却。

五、酥皮龙虾制作

1

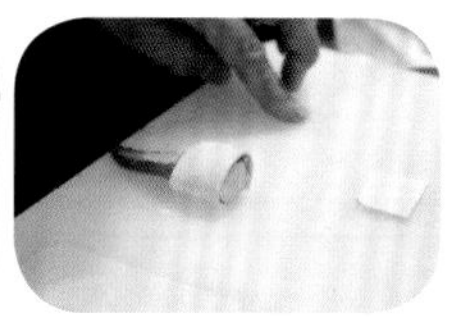

将酥皮面团切条，包裹住龙虾螯夹的底部，放入烤盘中。

2

在“步骤 1”酥皮面团表面刷少量水。

3

入风炉，以温度 180℃加热约 20 分钟。

六、装饰制作

1

将剩余帕玛森芝士切碎。

2

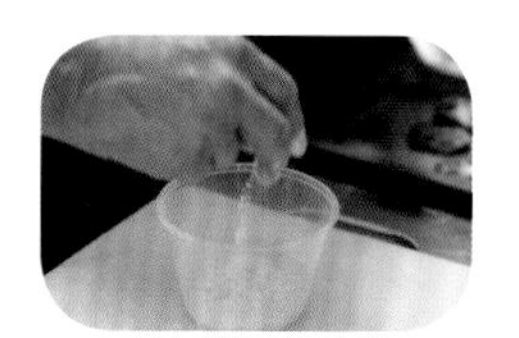

加入适量高筋面粉，混合均匀。

3

在锅中加入少量橄榄油，将“步骤 1”撒入锅中，撒的形状呈圆形，煎至上色。

七. 装盘

1

在盘中放入一勺玉米粥，在表面放龙虾肉。

2

摆放番茄片，放一勺玉米粥，摆放茴香根条、绿芦笋尖。

❸

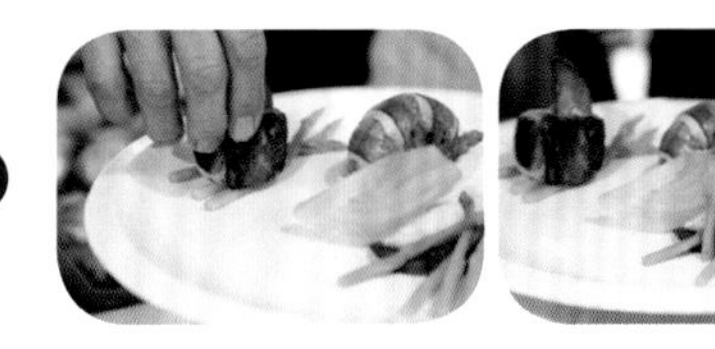

摆放酥皮龙虾、洋蓟。

❹

在菜品的表面淋适量龙虾汤。

❺

放入橄榄油。

❻

摆放装饰片、可食用花。

美食手账

烤鱼配无花果醍鱼与墨鱼条

龙利鱼	1 条
墨鱼	1 条
鳀鱼罐头	适量
土豆	1~2 个
无花果	适量
鱼肉汁（鱼骨熬制）	适量
黄油	适量
橄榄油	适量
盐	适量
白胡椒粉	适量

制作过程

一、龙利鱼加工

1. 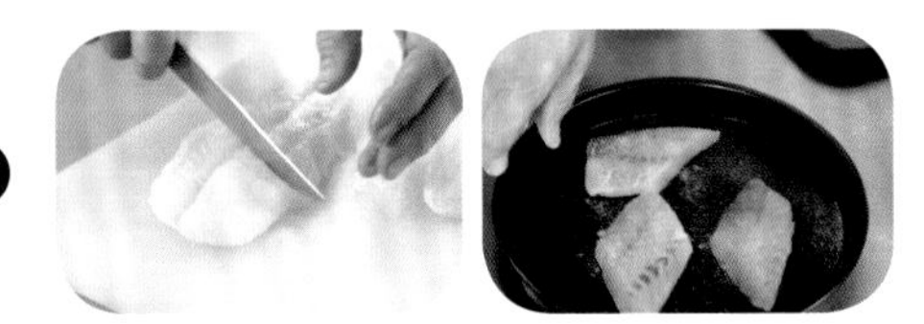

将龙利鱼切块，表面撒盐、白胡椒粉调味。

2.  

锅中放入橄榄油，将“步骤 1”煎至上色。

二、墨鱼加工

1. 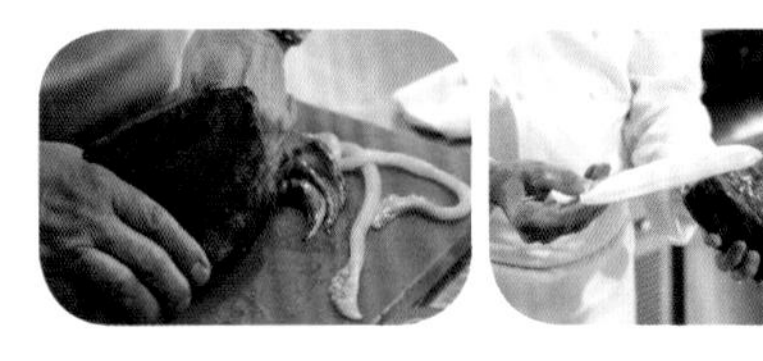

将墨鱼内脏、骨头去除，留身体的前端部分。

2. 

将“步骤 1”的外皮去除，在内部斜切，呈网格状。

3. 

将“步骤 2”翻面，斜切，呈网格状，再切条状。

4.  

在锅中放入水、盐，放入“步骤 3”，小火煮 1 分钟。

三、浸黄油制作

在锅中放入黄油，加热煮沸。

四、土豆泥制作

1

将土豆切片，放入锅中，倒入水，煮熟。

2

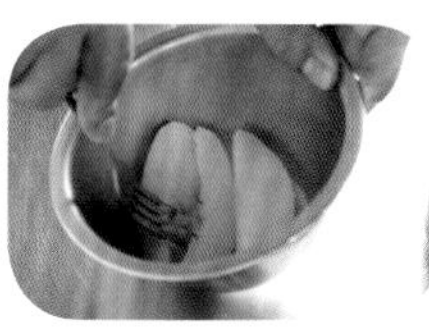

捞出煮好的“步骤 1”压成泥，放盐、白胡椒粉、浸黄油调味。

五、无花果加工

1

将无花果去梗，切块。

2

在锅中放入黄油，放入“步骤 1”煎至上色，煎无花果块的黄油汁留着装盘使用。

六、装盘

1

将鳀鱼用镊子辅助卷成卷。

2

用两个一样大的勺子互相配合，将土豆泥制作出橄榄状放在盘中。

3

摆放龙利鱼、无花果块、墨鱼条和“步骤 1”。

4

淋上鱼肉汁和煎无花果块的黄油汁，完成。

龙虾配
生熟白芦笋

食材

海螯虾	2~3 只
白芦笋	6~12 根
蚕豆	50 克
小红萝卜片	适量
黄油	适量
橄榄油	适量
盐	适量
白胡椒粉	适量
柠檬汁	1~2 个

制作过程

一、海螯虾汤汁制作

1 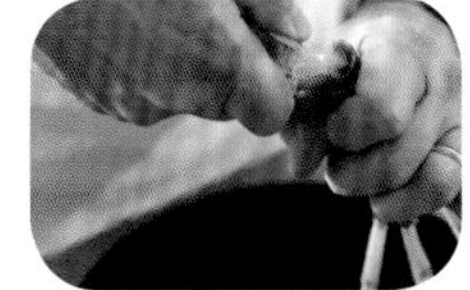 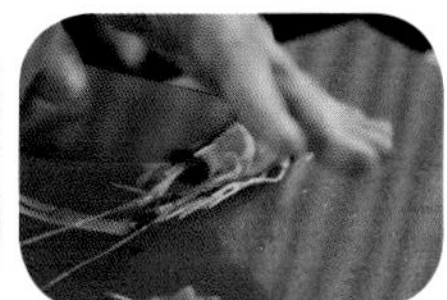

将海螯虾身体和头部分离，身体去壳备用，头部切半。

2  

在锅中放橄榄油，加入海螯虾头部，用木铲捣碎，加入水（没过食材的量）煮开。

3

将煮好的“步骤 2”过筛，海螯虾汤汁备用。

4

在海螯虾剩余物中可加入适量黄油调节浓稠度，用均质机搅打均匀。

二、煎海螯虾

1

将海螯虾身体中的虾线去除。

2

在锅中放入橄榄油，加入“步骤 1”煎至上色。

三、白芦笋加工

1

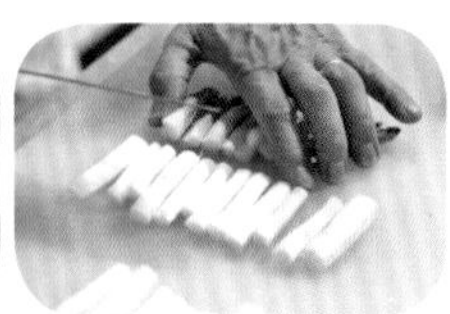

用刨皮刀将白芦笋剥皮，再将白芦笋尖、白芦笋根分离。

2

将白芦笋尖放在切片器上，削成薄片，加入盐、白胡椒粉、柠檬汁调味。

3

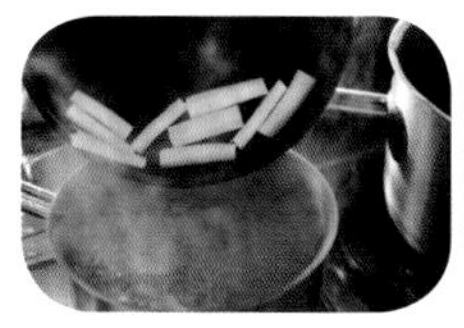

在锅中加入水、盐，放入白芦笋根进行煮制，煮好后，捞出放冰水中。

四、装盘

1

将白芦笋根切丝，加入盐、橄榄油调味。

2

将煮好的蚕豆去皮。

3

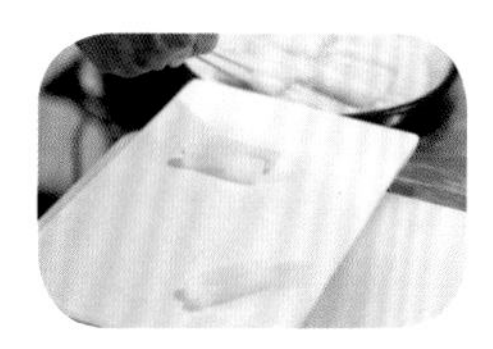

在盘中放入芦笋根、芦笋尖。

4

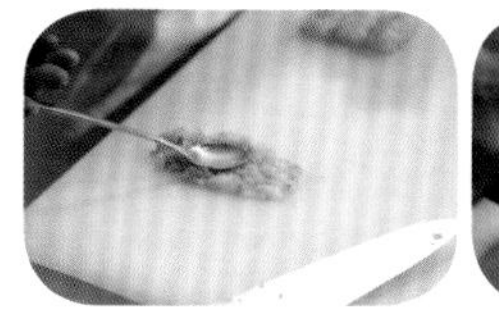

在海鳌虾剩余物中放柠檬汁、盐、白胡椒粉调味，用两个勺子互相配合，制作出橄榄状，放在盘中。

5

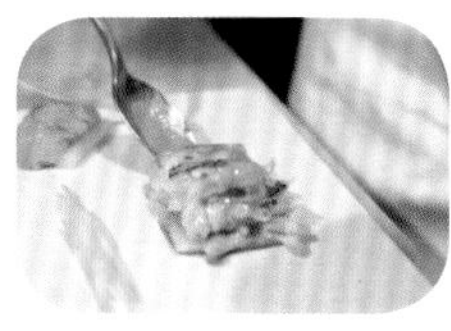

在芦笋根上方摆放海鳌虾，淋上海鳌虾汤汁，摆放蚕豆、小红萝卜片，淋适量橄榄油。

美食手账

欧洲鲈配
茴香西葫芦

欧洲鲈	1 条（400 克）
乌贼	500 克
西葫芦	1~3 个
茴香根	适量
土豆	500 克
洋葱	300 克
红葡萄酒	100 毫升
橄榄油	适量
黄油	适量
盐	适量
黑胡椒碎	适量
胡萝卜	适量
香芹梗	适量

制作过程

一、处理欧洲鲈

1

欧洲鲈去除鱼鳍，将鱼肉整块剥离，鱼头、鱼骨备用。

2

用平口镊子将鱼刺去除，表面撒盐、黑胡椒碎进行调味。

3

两片鱼肉相贴，用保鲜膜包裹卷紧，用小刀在表面扎孔，放入真空袋中抽干空气。

4

将低温料理棒放入装有水的复合底汤桶中，水温到 60℃时，放入“步骤 3”，约煮 60 分钟，将煮好的欧洲鲈捞出，放入冰水中冷却，取出放冰箱冷藏备用。

二、浓缩鱼汁制作

1

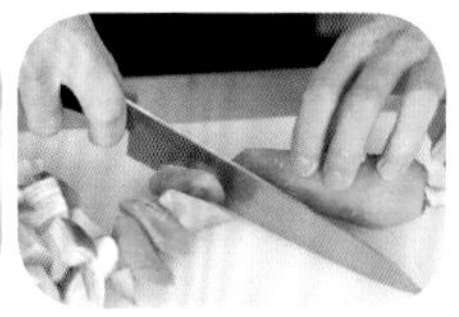

将洋葱、胡萝卜切块。

2

在锅中加入黄油，放入“步骤 1”和香芹梗炒香。

3

放入鱼头、鱼骨，加入水（没过食材的量），小火进行熬煮，浓缩收稠至原水位的一半。

4

将煮好的汤汁过滤，可加入黄油调整浓稠度。

三、处理蔬菜与乌贼

茴香根泥

1

将茴香根切块。

2

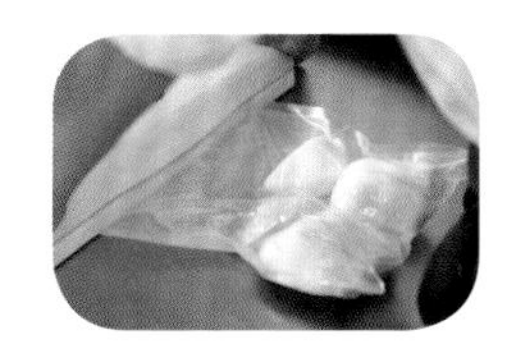

将部分茴香根块放入真空袋中，撒盐调味，抽干空气，剩余茴香根块备用。

3

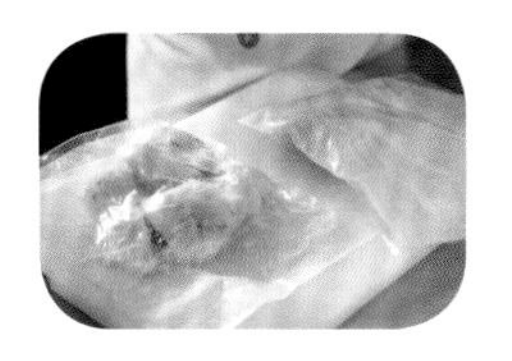

将低温料理棒放入装有水的复合底汤桶中，水温到90℃时，放入“步骤2”，约煮30分钟，将煮好的茴香根块捞出，放入冰水中冷却。

4

将“步骤3”放入料理机中，打至呈泥状，加入盐调味。

煎制茴香根

1

将剩余茴香根块切片。

2

在锅中放入橄榄油，加入“步骤1”和盐，煎至上色。

西葫芦

1

将西葫芦放在切片器上，削成薄片。

2

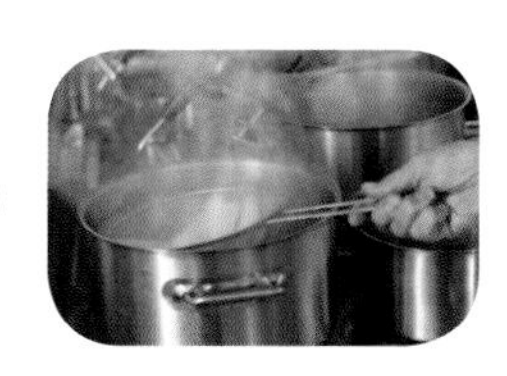

将“步骤1”放在网筛中，再放入撒有盐的沸水中，煮2分钟。

3

将“步骤2”捞出放入冰水中2~3秒，再放在垫有厨房用纸的烤盘中，包保鲜膜放冰箱冷藏备用。

红葡萄酒渍洋葱

❶ 

将洋葱去皮，切片。

❷ 

在锅中放适量黄油，加入“步骤 1”炒香。

❸ 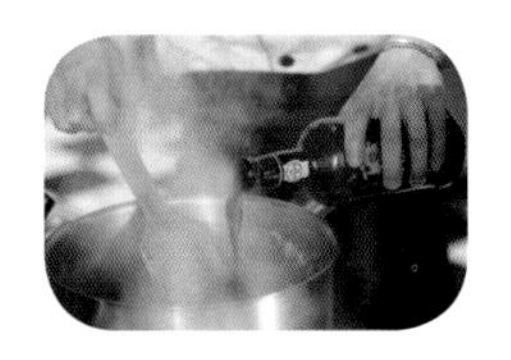

倒入红葡萄酒，小火煮约 30 分钟。

❹ 

煮好后过滤，留洋葱备用。

土豆

❶ 

将土豆去皮，切成长约 5 厘米，宽约 2 厘米，高约 1 厘米的长方体。

❷  

将“步骤 1”放入锅中，加入适量黄油，放盐、黑胡椒碎调味，加入适量水，不盖锅盖煮至水分完全蒸发，底部变焦黄。

乌贼

❶ 

取出乌贼的内脏，去皮并冲洗干净。

❷ 

在锅中放入橄榄油，加入“步骤 1”煎炒，撒盐调味。

四、装盘

❶ 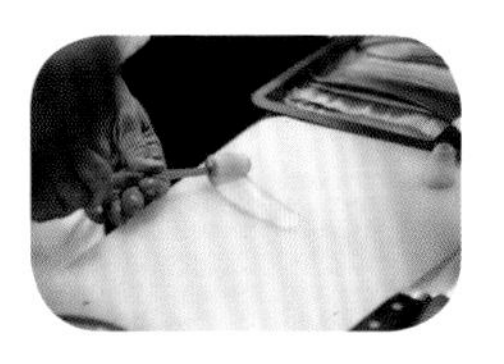

将西葫芦片取出，部分西葫芦片用镊子辅助卷起，剩余西葫芦片切条。

2

在“步骤 1”表面撒盐，放入风炉中，以100℃加热约 5 分钟，取出。

3

取出欧洲鲈切块，去除保鲜膜。

4

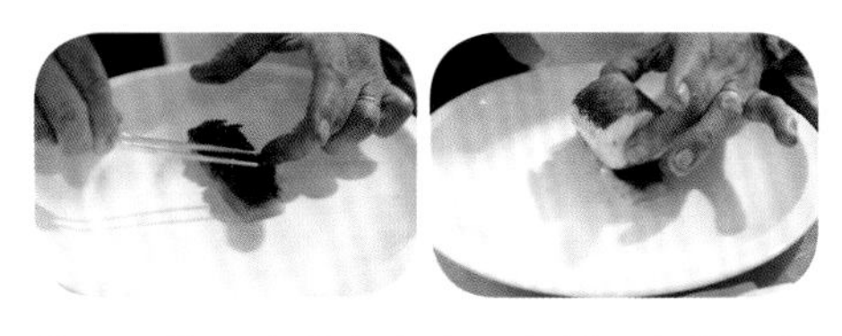

将土豆块取出放在盘中，在其顶部放置红葡萄酒渍洋葱，再放上“步骤 3”。

5

用勺子辅助将茴香根泥在盘中划出线条装饰。

6

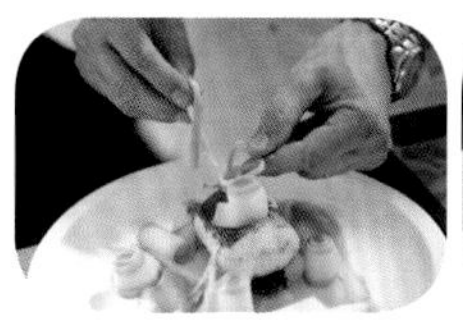

在“步骤 5”周围摆放“步骤 2”，和煎好的茴香根片、乌贼。

7

在表面淋上浓缩鱼汁、橄榄油。

美食手账

培根兔肉卷

食材

兔子	1 只
意大利风干火腿	1 包
梨	1 个
胡萝卜块	1~2 个
洋葱块	1~2 个
菠菜	100 克
鸡油菌	50 克
喇叭菌	50 克
大蒜	适量
香芹梗	适量
百里香	适量
香叶	适量
橄榄油	适量
黄油	适量
盐	适量
细砂糖	适量
黑胡椒碎	适量

制作过程

一、处理兔子

1

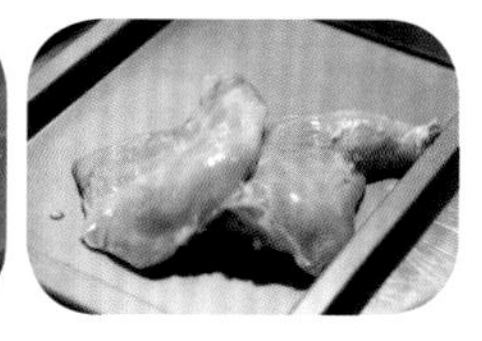

将兔子头去除，兔子后腿分离保存，前腿切块，留用做兔肉汁。

2

将兔子肋排部分的肉剔除干净，关节处切除。

3

将剔好的肋排、肝、腰子放入盘中备用。

4

在锅中放入橄榄油，用中火煎肋排。

5

另起锅，放入橄榄油，用中火煎肝、腰子。

二、兔里脊卷制作

1

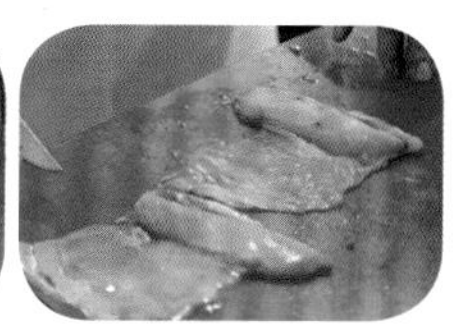

将兔子脊椎部位的肉剔出，里脊皮分离，去除里脊皮上的脂肪备用。

2

将兔子里脊肉表面筋膜去除，撒盐。

3

在保鲜膜表面放 5~6 片意大利风干火腿，在火腿一端放上兔子里脊肉，用保鲜膜将其包裹卷紧，用细线将两端扎紧，放冰箱冷藏定型。

4

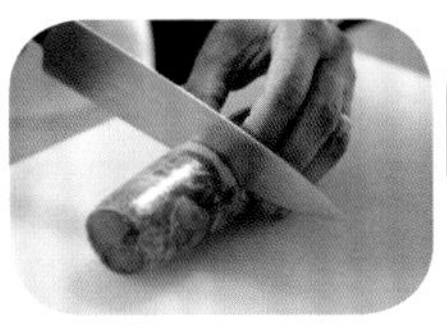

将“步骤 3”取出，切块，不撕保鲜膜，表面撒少量盐。

5

在锅中放入橄榄油，将“步骤 4”竖着放入锅中，每隔 1 分钟翻面煎制。

6

将“步骤 5”离火，30 秒翻面一次，冷却后取下保鲜膜。

三、处理兔里脊皮

1

用刀在里脊皮两面轻轻划动，表面撒盐，一片叠一片，将其叠放堆紧，放入真空袋中，抽干空气。

2

将低温料理棒放入装有水的复合底汤桶中，水温到 65℃时，放入“步骤 1”，约煮制 2 小时，煮好后冷藏。

3

将“步骤 2”取出，切块，在锅中放入橄榄油，煎至上色。

四、兔肉汁制作

1

在锅中倒入橄榄油，放入兔子前腿块煎至上色。

2

加入胡萝卜块、大蒜、洋葱块、香芹梗、百里香、香叶炒香。

3

加入水（没过食材的量），煮约 1 小时，煮好后过筛，可加入黄油调节浓稠度。

五、梨加工

1

将梨削皮，切半，去核。

2

将“步骤 1”放入锅中，加入水、细砂糖煮开。

3

将“步骤 2”切块，备用。

六、蔬菜加工

鸡油菌

1

在锅中放入黄油，加入百里香、鸡油菌、盐、黑胡椒碎，煎至上色。

2

将“步骤 1”放入厨房用纸中吸油汁。

喇叭菌

1

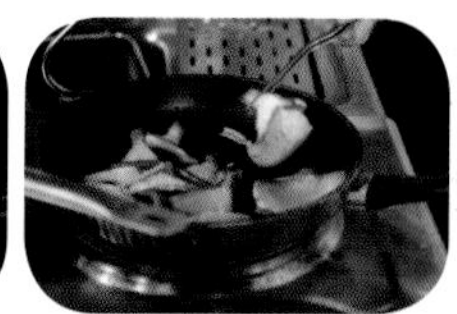

在锅中放入黄油，加入喇叭菌、盐、黑胡椒碎，煎至上色。

2

将“步骤 1”放入厨房用纸中吸油汁。

菠菜

在锅中放入黄油，加入菠菜，炒香。

七、装盘

1

将兔里脊卷放入盘中，肋排放在上方，周围摆放菠菜、兔里脊皮块、腰子、喇叭菌、鸡油菌、梨块。

2

淋上兔肉汁、橄榄油，即可。

普罗旺斯式鸭肝配竹蛏

食材	用量
鸭肝	适量
竹蛏	适量
香芹	适量
大蒜	适量
吉利丁片	2 片
淡奶油	适量
白葡萄酒	适量
小洋葱	适量
盐	适量
白胡椒粉	适量
橄榄油	适量
可食用花	适量

一、鸭肝加工

1 

将一部分大蒜切末，另一部分备用。

2 

在锅中放入橄榄油，加入蒜末炒至上色。

3 

将香芹取叶，一部分切末，另一部分备用。

4

在鸭肝表面撒盐、白胡椒粉，放入风炉中，以温度 140℃烘烤约 13 分钟。

5

将烤好的“步骤 4”取出，用手将鸭肝的神经组织去除。

6

在“步骤 5”表面撒蒜末、香芹叶末。

7

将保鲜膜铺在桌面上，放入“步骤 6”，将其卷起，用刀在表面扎小孔，倒出多余鸭肝油备用，放冰箱冷藏 3~4 小时。

二、竹蛏加工

1

将小洋葱切片，和竹蛏、白葡萄酒一同放入锅中煮开。

2

将煮好的“步骤 1”放入冰箱冷藏降温，再取出竹蛏肉，切小块。

三、慕斯制作

1

将吉利丁片泡软备用。

2

将剩余的香芹叶，放入沸水中，煮约 10 分钟，再取出放入料理机中，将香芹叶打成泥。

3

将剩余大蒜去皮，放入锅中，加入水、盐煮熟，放入料理机中打成泥。

4

将香芹叶泥、大蒜泥微微加热，分别放入一片吉利丁片，加入盐、白胡椒粉调味，搅拌均匀。

5

打发淡奶油，平均分成两份。

6

将香芹叶泥倒入其中一份淡奶油中，用硅胶刮刀以翻拌的手法拌匀，撒白胡椒粉调味。

7

将大蒜泥倒入另一份淡奶油中，用硅胶刮刀以翻拌的手法拌匀，撒白胡椒粉调味。

四、装盘

1

将竹蛏块放入鸭肝油中搅拌均匀，放入盐、白胡椒粉调味。

2

将鸭肝取出切块，摆放在盘中。

3

在“步骤 2”顶部放竹蛏壳装饰，旁边摆放适量“步骤 1”。

4

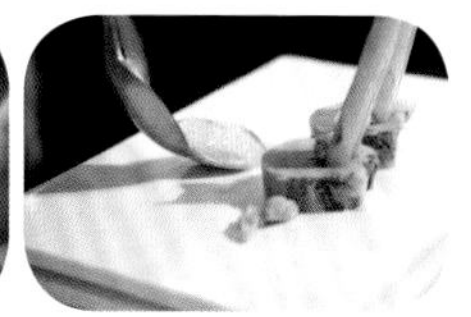

用两个一样大的勺子将两种打发淡奶油制作出橄榄状，放在“步骤 3”前端。

5

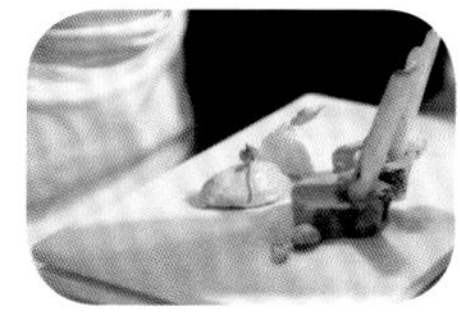

在“步骤 4”顶部摆放可食用花，用鸭肝油在盘中划出线条装饰。

铁板鲭鱼
配香料薄荷
意大利干酪

食材

鲭鱼	1 条
力可达干酪	适量
淡奶油	适量
薄荷叶	适量
欧芹叶	适量
黑鱼子酱	适量
红鱼子酱	适量
柠檬汁	适量
面包	1 个
橄榄油	适量
盐	适量
黑胡椒碎	适量
罗勒叶	适量

制作过程

一、面包加工

1. 

用刀将面包切薄片。

2. 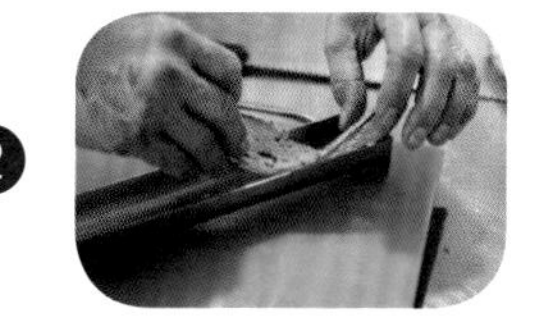

取 3 片面包片横放在 U 型模具中。

香料炖鲷鱼

食材

食材	用量
鲷鱼	1~2 只
蜗牛	3~6 只
洋葱	1 个
小洋葱	6~10 个
大蒜	10 瓣左右
鱼汤（鱼骨熬制）	适量
香芹（梗、叶）	适量
百里香	适量
黄油	适量
橄榄油	适量
喇叭菌	3~8 朵
牛肝菌	3~8 朵
紫苏叶	适量
盐	适量
黑胡椒碎	适量
胡萝卜块	适量
香叶	适量

制作过程

一、大蒜油制作

1

将大蒜分瓣后，带内皮一起放入锅中，倒入橄榄油，煮至沸腾离火。

2

在“步骤 1”中加入百里香，放置常温即可。

二、蜗牛加工

1

在锅中放入水、胡萝卜块、香芹梗、香叶、小洋葱，煮开。

2

加入蜗牛，小火煮 30~40 分钟，煮熟后捞出。

3

将“步骤 2”中的蜗牛肉取出，留头部，切块。

4

将大蒜油中的大蒜取出，剥皮，压成泥状。

5

在锅中放入黄油，放入“步骤 3”“步骤 4”，撒盐、黑胡椒碎调味，煎熟。

三、洋葱加工

1
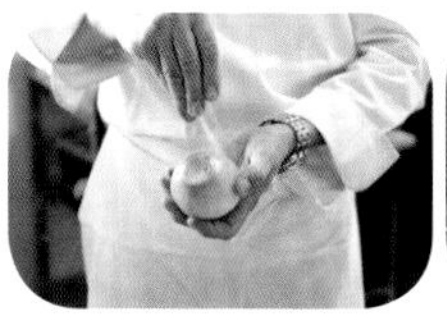

在洋葱、小洋葱表面撒盐，放入风炉中，以温度 95℃进行烘烤约 1 小时。

2

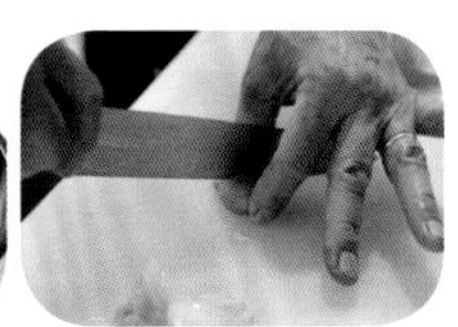

将“步骤 1”的洋葱一瓣一瓣分离，留洋葱芯，小洋葱一分为二。

3

用洋葱包裹蜗牛肉块，放入风炉中，以温度 95℃稍稍加热至外皮变软，备用。

4

在锅中放少量黄油，放入小洋葱、洋葱芯，煎至上色，备用。

四、喇叭菌、牛肝菌加工

1

将喇叭菌切条。

2

在锅中放入黄油，加入“步骤 1”，放盐、黑胡椒碎调味，煎熟。

3

在锅中放入黄油，加入牛肝菌，放盐、黑胡椒碎调味，煎熟。

五、鲷鱼加工

1

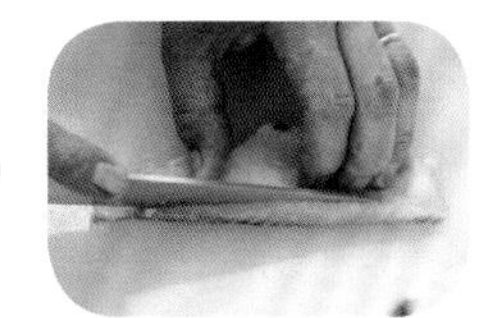

将鲷鱼的鱼刺去除。

2

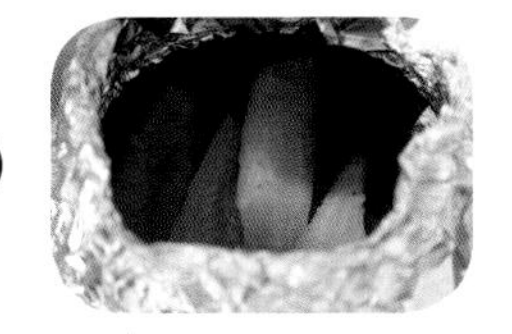

用锡纸将烤盘四周全部包裹，放入“步骤 1”。

3

淋大蒜油、鱼汤，放入风炉中以温度 180℃，烤 10 分钟。

4

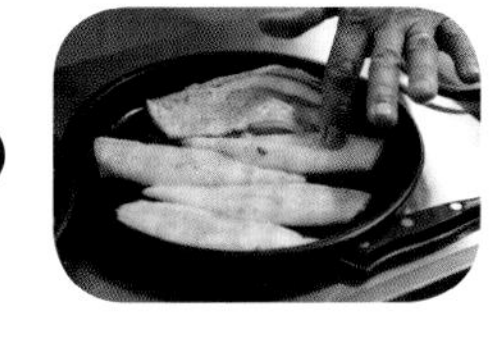

取出，去除锡纸，鱼肉备用。

六、装盘

1

在锅中放橄榄油，加入百里香，煎香。

2

将鱼放入盘中，摆放蜗牛肉块、喇叭菌条、牛肝菌、百里香、洋葱芯、小洋葱。

3

将一侧鱼皮揭开，夹入香芹叶、紫苏叶，再将鱼皮铺平。

4

淋鱼汤、橄榄油。

鸭肝章鱼

食材

鸭肝	1个
章鱼爪	适量
喇叭菌	适量
吐司	1个
葡萄酒醋	适量
黑醋	适量
芦笋尖	5~8支
橄榄油	适量
黄油	适量
盐	适量
黑胡椒碎	适量
洋葱	适量
大蒜	适量
胡萝卜	适量
香叶	适量
西芹	适量

制作过程

一、章鱼爪加工

1. 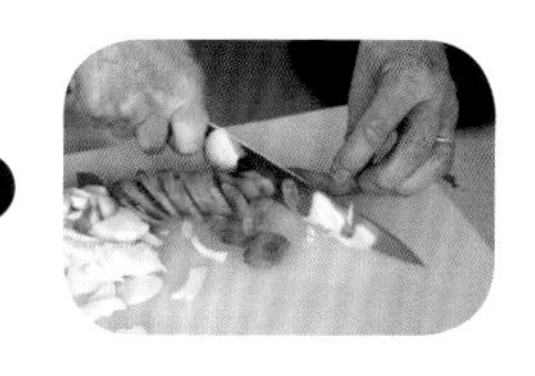

   将洋葱切片；胡萝卜切块；西芹切段。

2. 

   将“步骤1”和香叶、大蒜、章鱼爪放入锅中，以温度95℃煮50分钟。

3

将煮好的章鱼爪捞出，快速去皮。

4

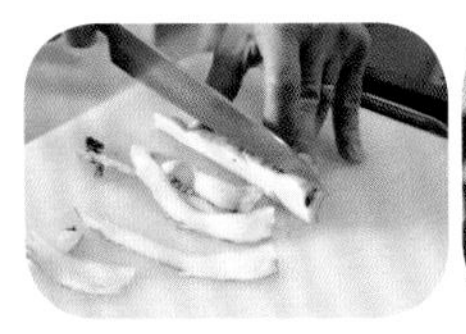

将章鱼爪切薄片，在表面撒上橄榄油、盐。

二、吐司加工

1

吐司切片，用直径 6 厘米的圈模压出圆形。

2

在锅中放入黄油，加入“步骤 1”，煎至呈金黄色 。

三、鸭肝加工

1

将鸭肝切片，撒盐、黑胡椒碎调味。

2

将锅烧热，放入“步骤 1”煎至表面上色。

四、醋汁制作

1

在碗中倒入葡萄酒醋、黑醋（黑醋使其增加颜色）搅拌均匀。

2

将“步骤 1”倒入锅中，加热备用。

五、装饰

1 取芦笋尖煮熟，表面撒盐。

2 将喇叭菌切片。

3 在锅中放入黄油，加入“步骤 2”，撒盐、黑胡椒碎调味，煎至上色。

六、装盘

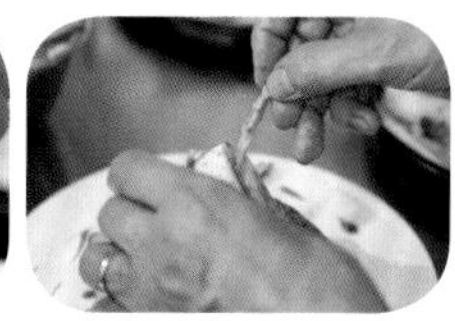

1 吐司放入盘中，摆放上鸭肝，章鱼爪片、芦笋尖。

2 周围摆放喇叭菌片，淋上醋汁。

美食手账

鱿鱼配番茄
马苏里拉
芝士内馅

食材

鱿鱼	1只（200克）
番茄	6~10个
小洋葱	200克
水牛芝士	125克
生菜	1颗
浓缩胡萝卜汁	适量
小乌贼须	3根
百里香	6根
盐	适量
黑胡椒碎	适量
黄油	适量
胡萝卜	适量
大蒜	适量
橄榄油	适量

制作过程

一、内馅制作

1

将胡萝卜、小洋葱切丁；用棉线捆紧百里香。

2

将一部分番茄底部划“十”字刀口，放入沸水中烫3~5秒，再捞出放入冰水中。

3

将番茄去皮，去籽，切丁。

4

在锅中放适量黄油，将胡萝卜丁、小洋葱丁放入锅中炒香，再加入“步骤 3”、百里香翻炒。

5

在“步骤 4”中加入水、盐、黑胡椒碎，煮至浓稠。

6

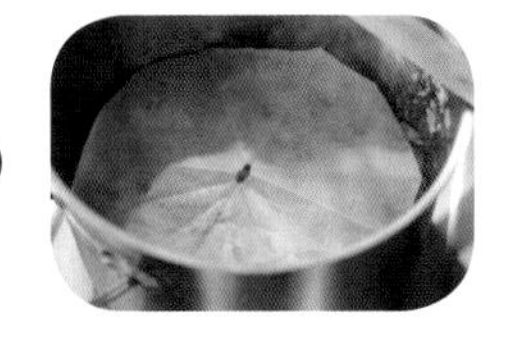

在煮制过程中，将油纸剪出圆形，覆盖在“步骤 5”表面。

7

煮熟后取出，放冰箱冷却备用。

二、鱿鱼加工

1

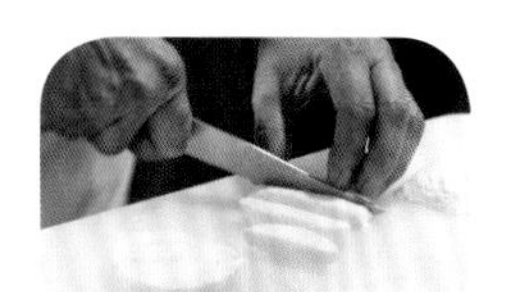

将水牛芝士切块。

2

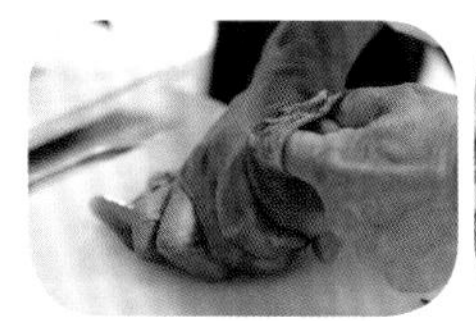

将鱿鱼头部和触角分离，取出身体中的内脏和骨头，去皮并冲洗干净。

3

用勺子将内馅装入鱿鱼的身体中。

4

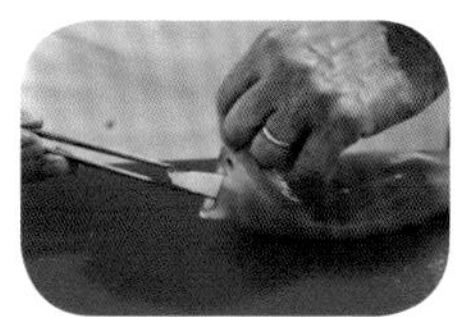
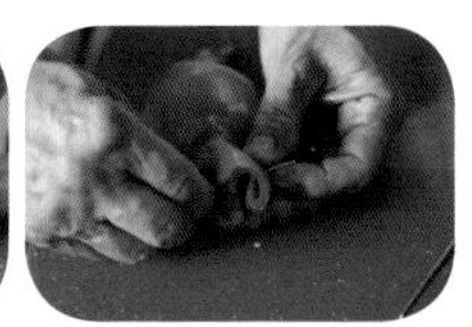

并加入水牛芝士，用牙签将封口固定。

5

在“步骤 4”表面撒盐，用保鲜膜包裹，放入风炉中，以温度 60℃进行烘烤约 30 分钟。

三、装饰食材制作

1

将剩余番茄去皮去籽，切片状，放入烤盘中，加入百里香、大蒜、盐、黑胡椒碎、橄榄油，放入风炉中以温度 100℃烘烤约 50 分钟。

2

将“步骤 1”切条备用。

3

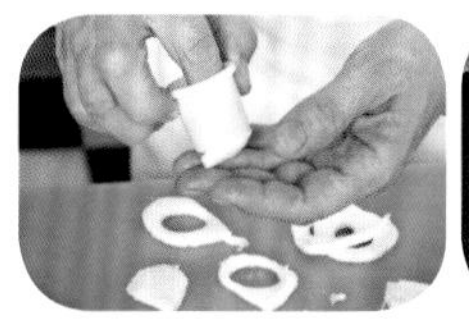

将水牛芝士切片，厚度 6~8 毫米，再用圈模切出圆片。

四、装盘

1

将浓缩胡萝卜汁倒入锅中，煮至浓稠，放冰水中冷却。

2

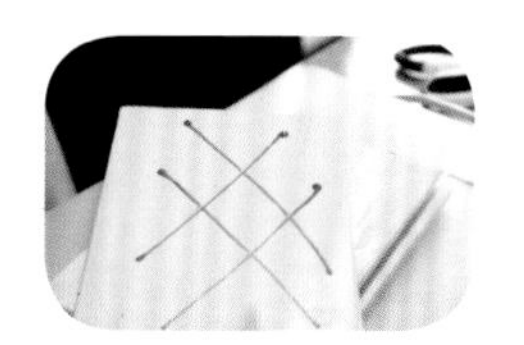

将浓缩胡萝卜汁倒入细裱（也可用非常小口的裱花袋）中，在盘中挤出“井”字。

3

在盘中摆放水牛芝士圆片、番茄条。

4

取出蒸好的鱿鱼，两端切除，中心斜切，放于盘子中间部分。

5

摆放生菜点缀。

6

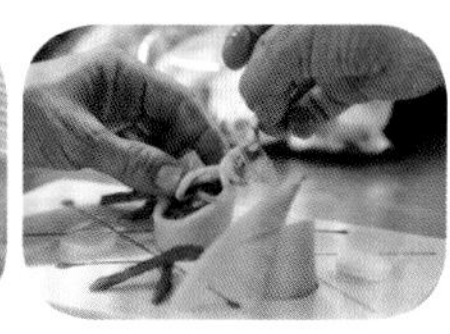

将小乌贼须放在平扒炉上煎制，煎熟后插在鱿鱼内馅顶部。

主食

Staple food

DOLO®

牛肉汉堡包

食材

牛柳	150 克
洋葱	20 克
西芹	20 克
荷兰芹	1 克
百里香	0.5 克
盐	2 克
黑胡椒碎	2 克
鸡蛋	60 克
低筋面粉	10 克
面包糠	40 克
橄榄油	适量
卡夫芝士片	15 克
球生菜	25 克
酸黄瓜	50 克
蛋黄酱	15 克
烧烤酱	10 克
番茄	40 克
汉堡面包	100 克

制作过程

一、牛肉饼

1

将牛柳、洋葱分别切丁，备用。

总汇
三明治

食材

牛柳	60 克
盐	适量
黑胡椒碎	2 克
橄榄油	适量
鸡蛋	65 克
吐司	150 克
培根	30 克
黄瓜	40 克
番茄	40 克
球生菜	30 克
卡夫芝士片	15 克
蛋黄酱	15 克

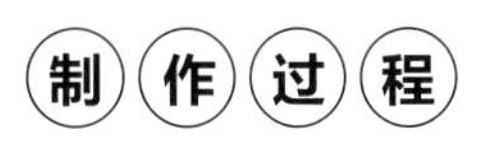

制作过程

1

将牛柳拍薄，撒盐、黑胡椒碎，淋橄榄油，对其进行腌制；将吐司切片，放入烤盘，备用。

2

将黄瓜、番茄切片，备用。

3

将球生菜洗净，用盐腌制，备用。

4
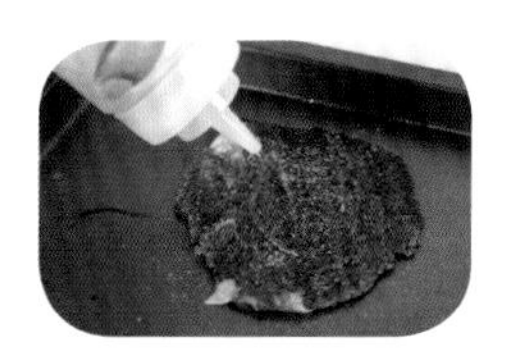

先将锅加热，放入处理好的牛柳，牛柳表面淋上橄榄油。

5
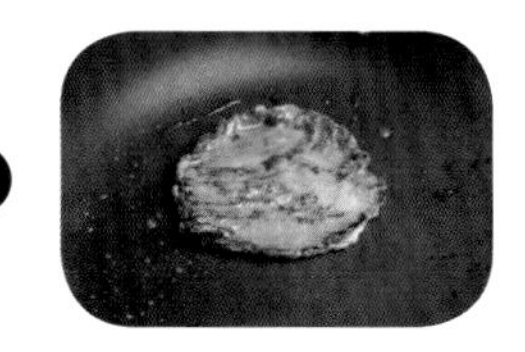

将“步骤 4”煎熟，取出备用。

6

另起锅加热，放入橄榄油，打入鸡蛋，将其煎至两面上色，撒上盐调味，备用。

7

将橄榄油淋在准备好的吐司片上，放入烤箱，以温度 180℃烘烤至表面上色，取出备用。

8

另起锅加热，放入橄榄油、培根，煎至两面上色，备用。

9

在第一片吐司上抹上蛋黄酱，依次放上处理好的球生菜、培根、黄瓜片、鸡蛋。在第二片吐司上继续抹上蛋黄酱，依次放上球生菜、卡夫芝士片、番茄片、牛柳。在第三片吐司上抹上蛋黄酱，最后将三片吐司整齐叠加在一起。

10

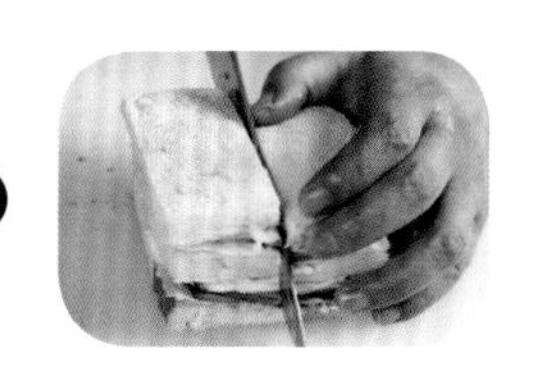

在处理好的“步骤9”四边插上竹签，固定，将其修边，切成长方形，最后摆在盘子中心。

小贴士

最后修整三明治时，除了切成长方形外，也可以依据个人喜好，沿其对角，切成三角形。

美食手账

意式风干香肠比萨

食材

低筋面粉	70 克
高筋面粉	50 克
酵母	2 克
盐	3 克
小麦粉	30 克
洋葱	30 克
大蒜	10 克
番茄	70 克
橄榄油	适量
番茄膏	20 克
罐装去皮番茄	70 克
罗勒叶	1 克
盐	1 克
黑胡椒碎	1 克
比萨草	0.1 克
意式风干香肠	50 克
红圆椒	20 克
黄圆椒	20 克
青圆椒	20 克
马苏里拉芝士	80 克

一、比萨面团

1 

将所有粉类混合，过筛入盆中备用。

2 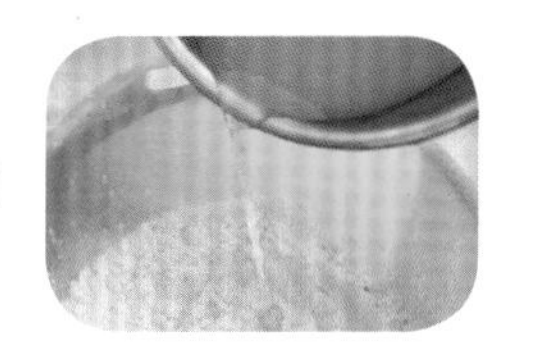

将酵母、温水、橄榄油混合拌匀，放入准备好的粉类中。

3 

用手将“步骤 2”慢慢混合，拌匀。

4  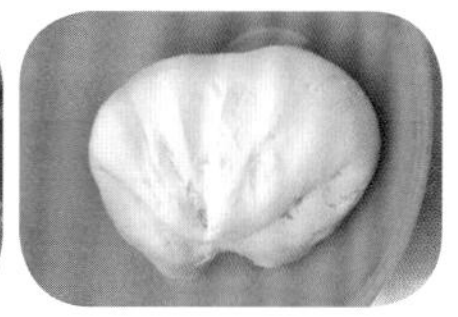

将盐放入“步骤 3”中，继续揉捏成团。

5 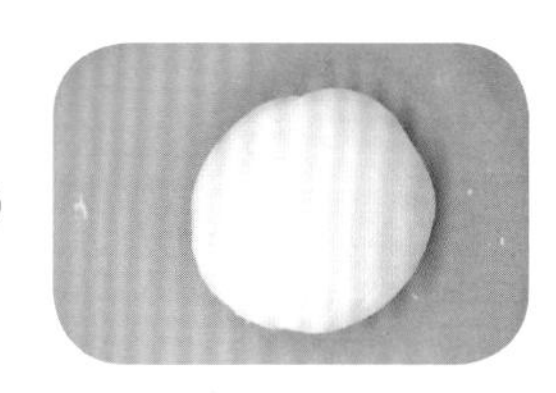

待面团揉至表面光滑，用保鲜膜盖在上面，自然醒发 40 分钟。

6 

将醒发好的面团分割成 100 克一份，包保鲜膜，放入冰箱，备用。

发酵面团温度控制在 30~35℃。

二、自制番茄酱

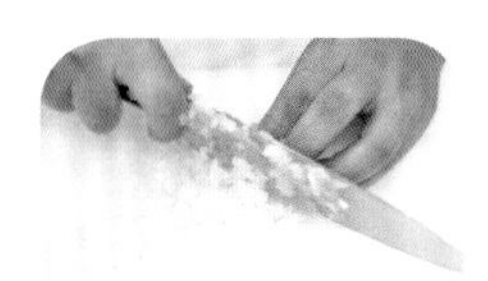

1 将洋葱、大蒜切末，备用。

2 将罗勒叶切碎；将番茄去皮、去籽和切块。

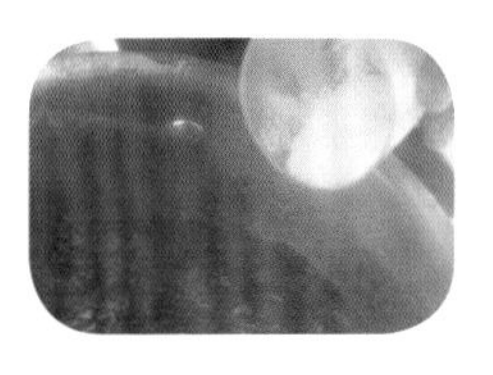

3 在锅中加入橄榄油，依次加入洋葱末、大蒜末，炒香后加入番茄膏、番茄块、罐装去皮番茄翻炒拌匀，再用盐、黑胡椒碎进行调味。

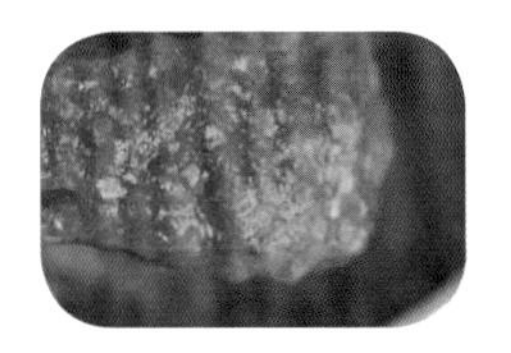

4 将“步骤3”放入料理机中打碎，取出撒上罗勒叶碎、比萨草，搅拌均匀。

三、馅料制作

1 将红、黄、青圆椒切条，备用。

2 将意式风干香肠放入烤盘中，淋橄榄油，放入烤箱中，以温度180℃烘烤8分钟，取出切片，备用。

四、组合装饰

1 将马苏里拉芝士切碎，备用。

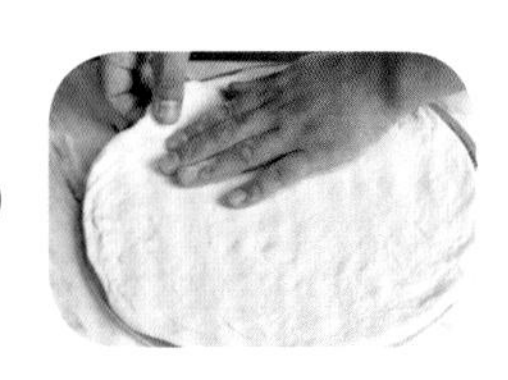

2 将比萨面团擀平、摊圆，放在比萨盘上，用叉子轻轻戳孔，放入烤箱中，以温度180℃烘烤3分钟。

3

将“步骤 2”取出，在其表面均匀地抹上自制番茄酱。

4

依次将马苏里拉芝士碎、意式风干香肠片、红圆椒条、黄圆椒条、青圆椒条均匀地撒在“步骤 3”上。

5

在“步骤 4”表面挤上橄榄油。

6

放入烤箱，以温度 180℃烘烤 8 分钟。

7

取出，将比萨放在盘子上，平均切成 8 份。

奶油培根蘑菇通心粉

意大利两头尖通心粉	60 克
橄榄油	20 克
盐	2 克
白胡椒粉	1 克
洋葱	30 克
培根	30 克
白蘑菇	50 克
鸡蛋	65 克
牛奶	100 克
淡奶油	120 克
白葡萄酒	10 克
帕玛森芝士	10 克
意大利芹	1 克

1

将洋葱切末，备用。

2

将白蘑菇、培根切片，备用。

3
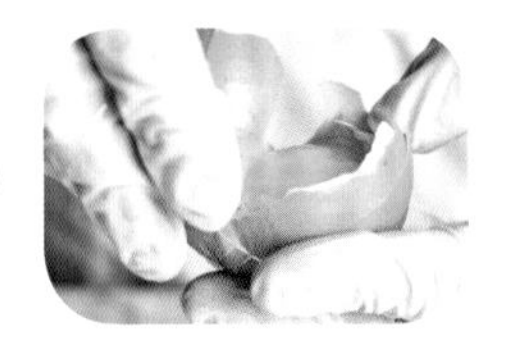
将鸡蛋中的蛋黄取出，备用。

4

将帕玛森芝士、意大利芹切碎，备用。

5

在锅中加入适量水，煮沸，先加入盐、橄榄油，再放入意大利两头尖通心粉，煮 8 分钟。

6

将煮好的意大利两头尖通心粉捞出，放入碗中，加入橄榄油，搅拌均匀，备用。

7

将锅加热，放入橄榄油，先加入洋葱末炒香，再加入培根片、白蘑菇片，炒香。

8

将白葡萄酒倒入“步骤 7”中，炒至酒精挥发掉一部分。

9

将“步骤6”、牛奶、淡奶油，放入“步骤8”中搅拌，收汁，加入盐、白胡椒粉调味。

10

离火，加入蛋黄搅拌均匀，将其放入装饰碗中堆高，表面撒帕玛森芝士碎、意大利芹碎进行点缀。

本配方也可以先将蛋黄、芝士碎、淡奶油放入容器中拌匀，再一起倒入“步骤9”中，快速翻炒，收稠汁。

墨西哥
牛肉卷

食材

牛柳	50 克
橄榄油	适量
黑胡椒碎	适量
盐	适量
番茄	40 克
黄圆椒	30 克
洋葱	40 克
香菜	5 克
墨西哥辣椒	30 克
卡真粉	1 克
墨西哥饼	2 张
马苏里拉芝士	20 克
荷兰芹	适量
泰式鸡酱	10 克

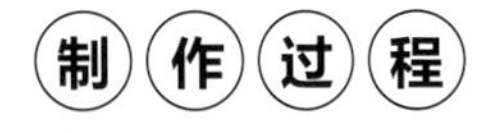

制作过程

一、馅料

1
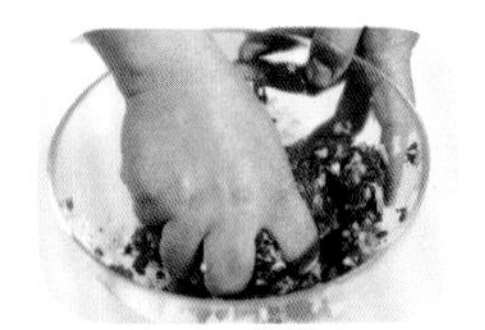

将牛柳切块，放进碗中，加入盐、黑胡椒碎、橄榄油进行腌制，备用。

2

将洋葱、黄圆椒切丝；香菜切碎；番茄切丁，备用。

3
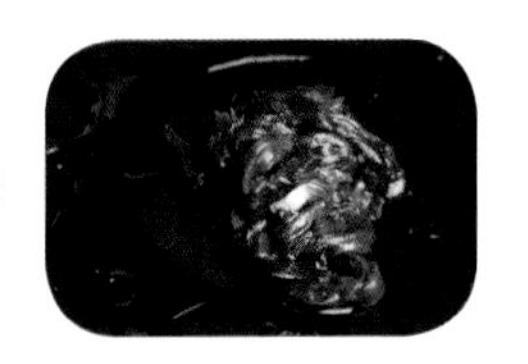

将锅加热，先放入橄榄油和腌制好的牛柳块，进行翻炒，取出备用。

4

另起锅加热，先放入橄榄油，再加入洋葱丝、黄圆椒丝炒香。

5

将牛柳块、香菜碎、番茄丁加入“步骤 4”中，进行翻炒，最后加入盐、黑胡椒碎、卡真粉、墨西哥辣椒调味。

6

取出，放入盛器中备用。

二、组合装饰

1

将马苏里拉芝士切碎，备用。

将墨西哥饼放在桌面上摊开，放入馅料，再撒上马苏里拉芝士碎。

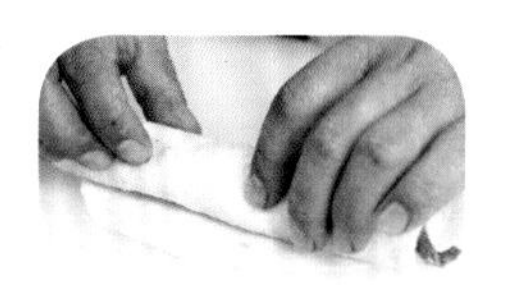

将“步骤 2”卷成圆柱状。

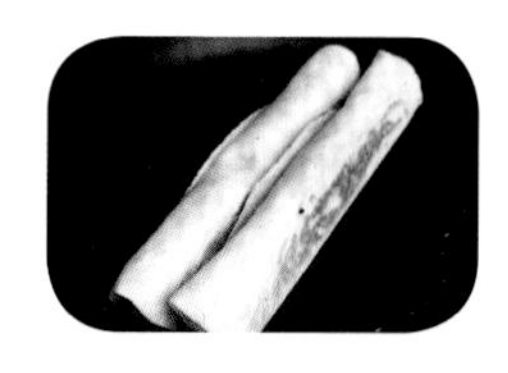

将锅加热，放入橄榄油，将卷好的墨西哥饼放入锅中煎至上色。

出锅，先将煎好的墨西哥饼一切为二，放在盘子中央交错摆放，配上泰式鸡酱，最后用荷兰芹点缀。

美食手账

意式炸饭团

小贴士

1. 意大利米不用洗，可直接制作。
2. 炸丸子的时候，油温控制在 180℃左右即可。
3. 制作酱汁时，牛奶应根据酱汁的状态，少量多次的加入,不可一次性全部加入。

食材

意大利米	80 克
低筋面粉	35 克
面包糠	30 克
鸡蛋液	60 克
马苏里拉芝士碎	30 克
洋葱	10 克
白葡萄酒	10 克
藏红花	适量
黄油	20 克
牛奶	50 克
白汁粉	15 克
橄榄油	适量
圣女果	20 克
混合生菜	适量

制作过程

1

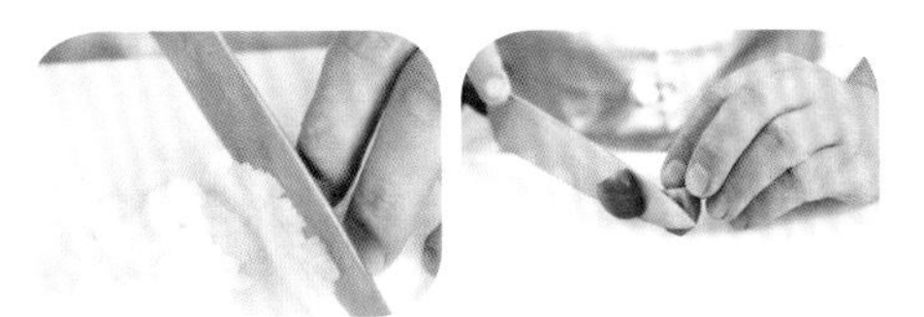

将洋葱切碎；圣女果对半切开。

2

将锅加热，加入黄油，待黄油熔化后，放入意大利米、洋葱碎炒香。

3

待意大利米炒至半透明状时，倒入白葡萄酒，直至酒精挥发掉一部分后，放入藏红花，继续翻炒。

4

将马苏里拉芝士碎放入“步骤 3”中，炒熟后取出备用。

5

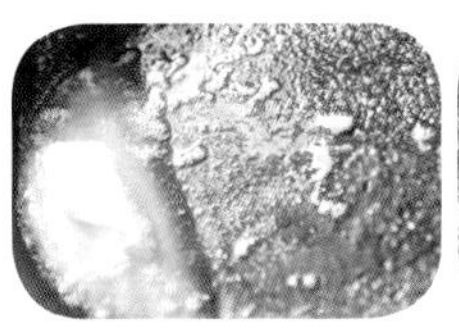

另外起锅，倒入适量黄油，待黄油熔化后，加入低筋面粉和白汁粉，翻炒均匀，直至无干粉状。

6

将牛奶少量多次加入“步骤 5”中，继续加热，收稠汁，装入容器中备用。

7

用手将处理好的意大利米捏成丸状，依次在其表面裹上一层薄薄的低筋面粉、鸡蛋液、面包糠。

8

将橄榄油倒入锅中，加热至 180℃，放入“步骤 7”，炸至呈金黄色，再取出沥干油汁，最后装盘，用圣女果、混合生菜，和做好的酱汁装饰，完成。

贻贝咖喱烩饭

小贴士

做意大利烩饭有两个重点：

1. 先炒米。　　2. 出锅前，不停地搅拌米饭。

如果少了以上两步，做出的烩饭口感也不会太好。另外若是感觉高汤太过浓郁，可以适量加点水来平衡口味。

食材

洋葱	30 克
橄榄油	20 克
意大利米	80 克
盐	2 克
白葡萄酒	15 克
蔬菜高汤	适量
海鲜高汤	适量
青口贝	80 克
黄油	20 克
咖喱粉	5 克
帕玛森芝士	10 克
香葱	5 克
黑胡椒碎	适量

1

将洋葱、香葱切碎，备用。

2

将青口贝的肉取出处理干净，加入盐、黑胡椒碎进行腌制，最后煎至两面上色，备用。

3

将锅加热，先加入适量橄榄油，再放入洋葱碎，炒至香软。

4

将意大利米和盐加入“步骤 3”中，翻炒至意大利米呈半透明状后，加入白葡萄酒继续炒制。

5

待白葡萄酒挥发掉一部分后，少量多次加入蔬菜高汤和海鲜高汤，进行煮制。

6
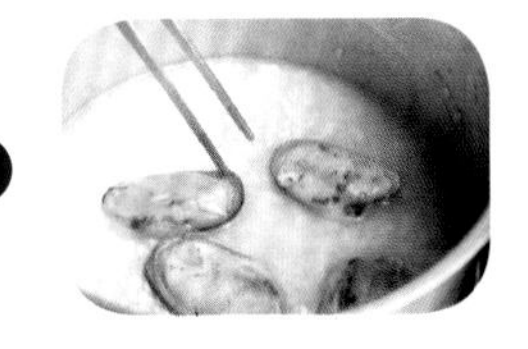

将煎熟的青口贝肉放入“步骤 5”中，小火慢煮。

7

将咖喱粉加入“步骤 6”中，小火慢煮约 15 分钟，直至米粒膨胀至原来的两倍大，汤汁呈浓稠状。

8

离火，加入黄油和帕玛森芝士，搅拌至融化，将其装入盘中，表面撒上香葱碎，完成。

西班牙海鲜饭

食材

洋葱	30 克
红圆椒	30 克
西班牙腊香肠	50 克
红肠	适量
大蒜	10 克
盐	适量
黑胡椒碎	适量
意大利米	80 克
青豆	10 克
蛤蜊	30 克
鱿鱼	40 克
虾	60 克
青口贝	50 克
橄榄油	10 克
鸡高汤	1 L
藏红花	1 克
罗勒叶	3 克
圣女果	20 克
鸡腿	1 只

制作过程

1. 

将红圆椒、洋葱、大蒜、红肠切丁，备用。

2. 

将西班牙腊香肠切片，备用。

3. 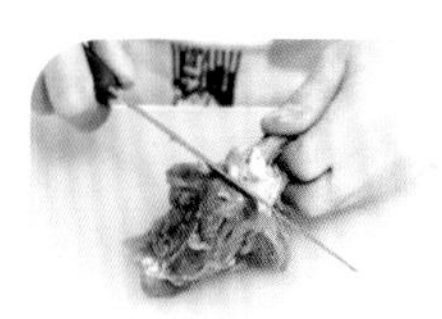

将鸡腿切成 4 块，备用。

4. 

将鸡高汤放在锅里，加入鸡腿块、藏红花煮开，备用。

5. 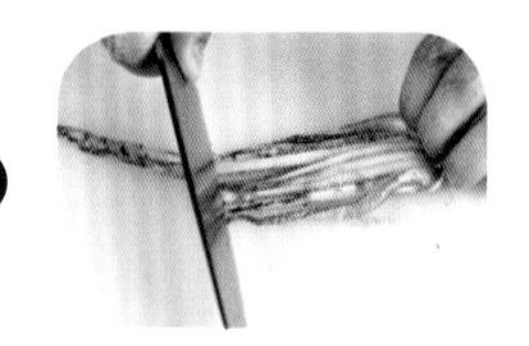

将鱿鱼去皮，切好，备用。

6. 

将虾去虾线；青口贝取肉，去除内脏；蛤蜊清洗干净。

7. 

将锅加热，放入橄榄油，依次放入红圆椒丁、洋葱丁、大蒜丁、红肠丁，炒至上色。

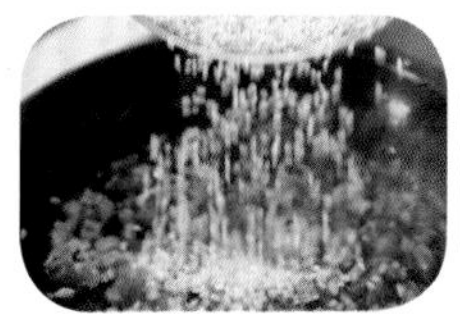
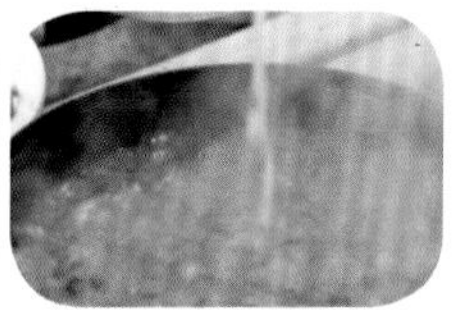

8 将意大利米加入“步骤 7”中，翻炒均匀，先加入盐、黑胡椒碎调味，再加入“步骤 4”，继续煮制。

9 另起锅，加入橄榄油，放入处理好的海鲜，将其煎至上色。

10 将煎好的海鲜放在“步骤 8”上，然后盖上锅盖，小火煮 35 分钟，添加青豆，离火，焖 5 分钟，最后放入装饰盘中，用罗勒叶和圣女果装饰。

小贴士

1. 做西班牙海鲜饭时，尽量避免搅拌意大利米，否则淀粉会出来，汤会变得黏稠。
2. 鸡高汤制作详情见 P72“白色鸡高汤”。

墨鱼汁
龙虾宽面

食材

龙虾	适量
白萝卜	1~2 个
甜瓜	1~2 个
西葫芦	1~2 个
墨鱼面	1 包
水牛芝士	适量
海螯虾汤汁	适量
火腿	适量
橄榄油	适量
盐	适量

制作过程

一、龙虾处理

1

将龙虾放入锅中煮制，煮熟后放冰水中冷却，剥壳。

2

将“步骤 1”切块，放风炉中加热约 5 分钟。

二、蔬菜、水果处理

白萝卜

1

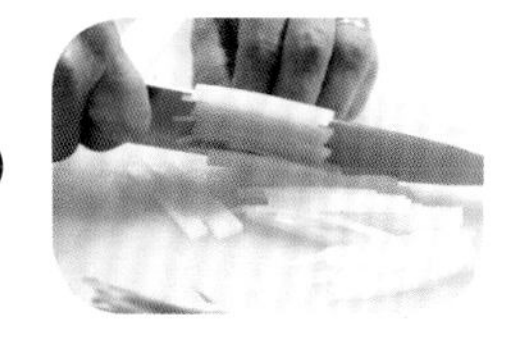

将白萝卜去皮，切条。

2

将“步骤 1”放入锅中，加入水、盐，进行煮制，煮好后捞出，放入冰水中。

西葫芦

1

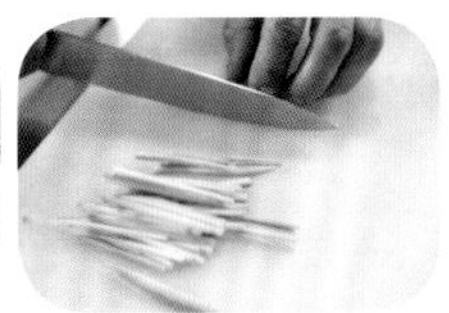

将西葫芦去皮，一部分切条。

2

将“步骤 1”放入锅中，加入水、盐，进行煮制，煮好后捞出，放入冰水中。

3 将剩余的西葫芦切丁。

4 将“步骤 3”放入锅中，加入水、盐，进行煮制，煮好后捞出，放入冰水中。

甜瓜

1 将甜瓜去瓤、去皮。

2 将甜瓜切丁。

三、装盘

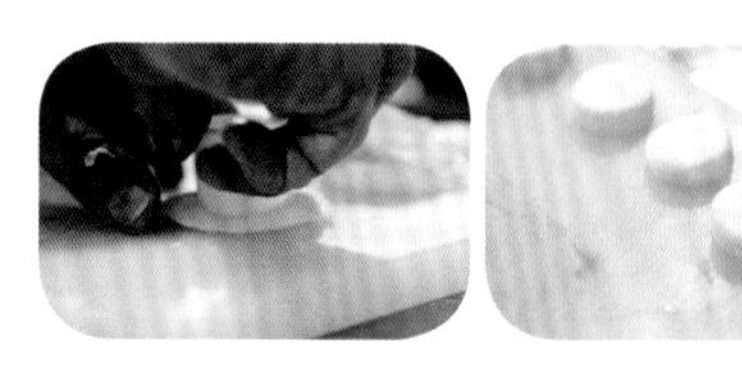

1 用圈模将水牛芝士压出圆形，备用。

2 将墨鱼面放入锅中，加入盐，煮约 7 分钟，煮熟后捞出，用夹子卷成团，顶部放水牛芝士，再放龙虾。

3 周围摆放适量火腿和处理好的蔬菜、水果。

4 淋适量海鳌虾汤汁、橄榄油，完成。